INTRODUÇÃO À ENGENHARIA DE FABRICAÇÃO MECÂNICA

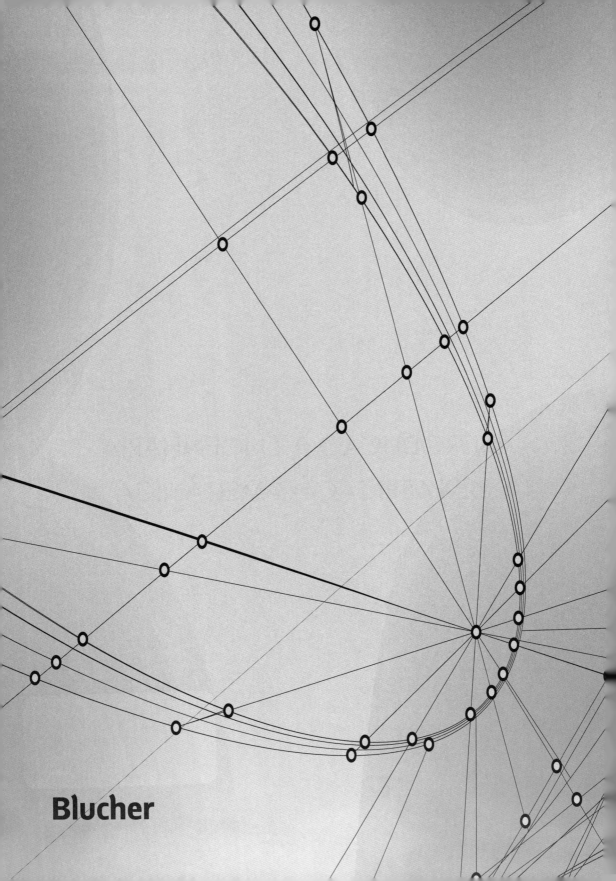

OLÍVIO NOVASKI
Professor Doutor da Faculdade de Engenharia Mecânica
da UNICAMP

INTRODUÇÃO À ENGENHARIA DE FABRICAÇÃO MECÂNICA

2ª edição

Introdução à Engenharia de Fabricação Mecânica
© 2013 Olívio Novaski
2ª edição
1ª reimpressão – 2017
Editora Edgard Blücher Ltda.

Blucher

Rua Pedroso Alvarenga, 1245, 4º andar
04531-934 – São Paulo – SP – Brasil
Tel.: 55 11 3078-5366
contato@blucher.com.br
www.blucher.com.br

Segundo o Novo Acordo Ortográfico, conforme 5. ed.
do *Vocabulário Ortográfico da Língua Portuguesa*,
Academia Brasileira de Letras, março de 2009.

É proibida a reprodução total ou parcial por quaisquer
meios sem autorização escrita da editora.

Todos os direitos reservados pela Editora
Edgard Blücher Ltda.

FICHA CATALOGRÁFICA

Novaski, Olívio
   Introdução à Engenharia de Fabricação Mecânica /
Olívio Novaski. – 2. ed. – São Paulo: Blucher, 2013.

   ISBN 978-85-212-0763-4

   1. Engenharia mecânica 2. Engenharia de produção
3. Processos de fabricação I. Título

12-0428   CDD 658.5

Índices para catálogo sistemático:
1. Engrenagens
2. Engenharia mecânica

PREFÁCIO

Tão logo foi impressa a primeira edição, foi observada pelo próprio autor uma série de erros e falhas, outras tantas apontadas por diversos colegas, alunos e usuários. A intenção era fazer essas correções imediatamente, mas problemas pessoais e compromissos profissionais sempre colocaram essa intenção em segundo plano. A tarefa de revisão, portanto, começou tão logo foi impressa a edição anterior, mas realizada aos poucos e não no ritmo desejado. Todavia, ao se revisar erros anteriores, com certeza outros surgem, e é uma tarefa sem fim, assim já me penitencio das possíveis imperfeições novas e algumas antigas que porventura deixei passar. Por outro lado, procurou-se aproveitar a oportunidade para fazer atualizações no que concerne aos temas tratados, ampliando alguns, e tentando-se, ao menos conceitualmente, basear-se nas normas vigentes, mas não necessariamente adotando-se a mesma simbologia e terminologia.

Com relação às referências, torna-se uma tarefa difícil fazer citações e mesmo manter ao longo deste tempo o acervo consultado. Optou-se, nesse quesito, em não se fazer citações e colocar, no fim do livro, as referências mais utilizadas, ou as consultadas mais recentemente e, ainda, resguardadas.

Espero que possa fazer uma contribuição, ainda que pequena, aos alunos, colegas e interessados, de maneira geral, pelo tema.

AGRADECIMENTOS

Agradeço a todos que, de um jeito ou de outro, colaboraram para a realização deste trabalho. Muitos anônimos, colegas e alunos que colaboraram comigo, principalmente na parte operacional, aos meus alunos de Iniciação Científica, em especial aqueles que trabalharam no Laboratório Didático de Metrologia da UNICAMP. Aos alunos da graduação, pelos comentários e apontamentos de diversas falhas surgidas ao longo do tempo, e apontadas durante as aulas, ao longo dos anos.

Uma menção especial à minha filha especial Letícia, companheira querida de todos os meus momentos, que sempre me perguntava "Pai, não vai trabalhar no livro hoje?". Mesmo, às vezes, cansado e exausto, com problemas pessoais e profissionais, existe motivação maior do que essa?

Não poderia deixar de mencionar meu filho Gustavo, sempre solícito e incentivador do meu trabalho.

Ao meu amigo, Engº. Sérgio Luís Zarpellon, que se dispôs a auxiliar na revisão.

Aos que estiveram próximos de mim durante a execução deste trabalho.

Muito obrigado a todos!

Dedicatória
Dedico esta obra a duas joias preciosas
que iluminam minha vida:
Letícia e Gustavo
Meus filhos amados.

CONTEÚDO

Capítulo 1 – TOLERÂNCIAS E AJUSTES 15
   1.1 Introdução 15
   1.2 Evolução das tolerâncias 17
   1.3 Terminologia básica 17
       1.3.1 Exemplo 19
   1.4 Terminologia de *tolerância* 19
       1.4.1 Exemplos 23
   1.5 Terminologia de ajustes 24

Capítulo 2 – SISTEMAS DE TOLERÂNCIAS E AJUSTES 33
   2.1 Bases do sistema de tolerâncias e ajustes 33
   2.2 Grupo de dimensões nominais 33
   2.3 Graus de *tolerância-padrão* 34
       2.3.1 Exemplos 35

Capítulo 3 – CAMPOS DE TOLERÂNCIA 39
   3.1 Introdução 39
   3.2 Derivação dos afastamentos fundamentais 40
       3.2.1 Exemplos 43
   3.3 Classes de *tolerâncias* 46
       3.3.1 Representação da dimensão com tolerância 46
       3.3.2 Exemplo 48

Capítulo 4 – SISTEMAS DE AJUSTES 51
   4.1 Introdução 51
   4.2 Sistema de ajuste eixo-base 52
   4.3 Sistema de ajuste furo-base 52
   4.4 Sistemas de ajustes 53
   4.5 Cálculo das tolerâncias 54
       4.5.1 Exemplo 55
   4.6 Influência da temperatura nos ajustes 57
       4.6.1 Exemplo 60
   4.7 Recomendações práticas para a escolha de um ajuste 64
       4.7.1 Acoplamentos entre eixos e carcaças em rolamentos 66
       4.7.2 Exemplo 68
   4.8 Exemplos gerais 68

Capítulo 5 – CALIBRADORES 73
   5.1 Introdução 73
   5.2 Cálculo de calibradores de fabricação 75
       5.2.1 Calibradores para dimensões internas até 180 mm
             (calibradores tampão) 75
       5.2.2 Calibradores para medidas internas acima de 180 mm
             (calibradores tampão) 76
       5.2.3 Calibradores para medidas externas até 180 mm
             (calibradores anulares) 77
       5.2.4 Calibradores para medidas externas acima de 180 mm
             (calibradores anulares) 77
   5.3 Marcação dos calibradores de fabricação 78
       5.3.1 Exemplos 78

Capítulo 6 – TRANSFERÊNCIA DE COTAS E
             TOLERÂNCIA GERAL DE TRABALHO 85
   6.1 Transferência de cotas 85
       6.1.1 Exemplos 89
   6.2 Tolerância geral de trabalho em conjuntos montados 93
       6.2.1 Exemplo 99

Capítulo 7 – TOLERÂNCIAS GEOMÉTRICAS 101
   7.1 Introdução 101
   7.2 Tolerâncias geométricas 108
       7.2.1 Exemplo 114
   7.3 Tolerâncias de forma 114
   7.4 Tolerâncias de orientação 122
   7.5 Tolerâncias de localização 127
   7.6 Tolerâncias de batimento 133

Capítulo 8 – RUGOSIDADE DAS SUPERFÍCIES 135
   8.1 Introdução 135
   8.2 Principais parâmetros de rugosidade 144
       8.2.1 Parâmetros de amplitude (pico e vale) 144
       8.2.2 Parâmetro de amplitude (média das ordenadas) 145
       8.2.3 Parâmetros de espaçamento 147
       8.2.4 Curvas e parâmetros relacionados 147
   8.3 Determinação do comprimento de amostragem ("cut-off") 149
   8.4 Indicação do estado da superfície em desenhos técnicos 150
   8.5 Relação entre rugosidade, tolerância dimensional
       e processos de fabricação por usinagem 153

Capítulo 9 – NOÇÕES SOBRE CONTROLE ESTATÍSTICO
          DO PROCESSO 155
  9.1 Introdução 155
  9.2 Conceitos básicos 155
       9.2.1 Exemplo...................................... 171
  9.3 Limites do processo e sistemas de medição 175
       9.3.1 Exemplo...................................... 176

Anexos 179
Referências 253

CAPÍTULO 1

TOLERÂNCIAS E AJUSTES

1.1 INTRODUÇÃO

Na fabricação de conjuntos é importante que os componentes se ajustem reciprocamente na montagem, sem que sejam submetidos a um tratamento ou ajuste suplementares. A possibilidade de substituir umas peças por outras ao se montar ou consertar certo conjunto sem tratamento ou ajuste suplementar se denomina *intercambiabilidade*.

A premissa fundamental da *intercambiabilidade* é a escolha de um processo tecnológico que assegure a fabricação das peças com igual precisão. Por precisão entende-se o grau da correspondência entre as dimensões reais da peça e as indicadas no desenho. Nos ajustes é impossível conseguir precisão absoluta nas dimensões das peças ao confeccioná-las, em razão de certas inexatidões das máquinas, dos dispositivos ou instrumentos de medição. Como consequência dessas circunstâncias, é impossível obter dimensões absolutamente precisas que coincidam com as indicadas no desenho. As peças são, portanto, confeccionadas com dimensões que se afastam para mais ou para menos em relação a um valor nominal ou um valor de referência. Pode-se observar essa variação da dimensão nominal na Figura 1.1, na qual o parafuso 1 apresenta as dimensões nominais e os parafusos 2 e 3 são exemplos de parafusos obtidos no processo produtivo, mas que ainda se encontram utilizáveis por terem uma variação de comprimento admissível.

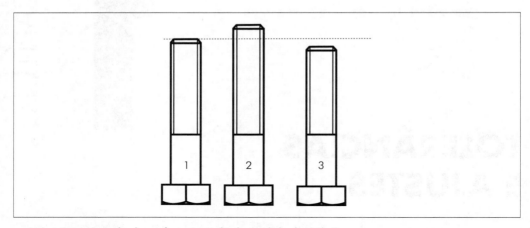

Figura 1.1: Exemplos de parafusos sextavados de uma linha de produção.

A *intercambiabilidade* está presente no cotidiano como: uma lâmpada que é encaixada no bocal, no rosqueamento de uma porca em um parafuso, ao se conectar um armazenador portátil de dados ("pen drive") em um computador etc. Em tais situações, não há necessidade de ajustes adicionais para que os componentes se encaixem.

As dimensões reais de duas peças, inclusive as laboradas com um mesmo procedimento têm poucas possibilidades de serem exatamente iguais, variando dentro de certos limites. Em vista disso, a conjugação requerida de duas peças se assegura somente no caso em que as *dimensões limites* de tolerância das peças tenham sido estabelecidas de antemão. Desse modo, as *dimensões limites* são aquelas dentro das quais oscilam as reais. Uma delas se chama *dimensão limite máxima* e a outra *dimensão limite mínima*. Portanto, peças intercambiáveis são aquelas fabricadas com um grau de precisão previamente estabelecido em suas *dimensões limites*, de forma que peças fabricadas em lugares diferentes possam ser encaixadas sem nenhum ajuste adicional.

O limite de inexatidão admissível na fabricação da peça é determinado por sua *tolerância*, ou seja, pela diferença entre as *dimensões limites máxima* e *mínima*. Por exemplo, supondo que uma determinada dimensão nominal seja de 40,000 mm; a *dimensão limite máxima* seja 40,039 mm e a *dimensão limite mínima* seja 40,000 mm; então a *tolerância* de inexatidão será igual a 0,039 mm. Todas as peças cujas dimensões não ultrapassarem as *dimensões limites* serão úteis, ao passo que as demais serão defeituosas.

Entende-se por *ajuste* o modo de se conjugar duas peças introduzindo-se uma na outra, ou seja, o modo de assegurar a tal ou qual grau as peças são unidas firmemente, ou a liberdade de seu deslocamento relativo.

1.2 EVOLUÇÃO DAS TOLERÂNCIAS

O valor da *tolerância* dimensional tem diminuído ao longo do tempo de maneira constante e acentuada e a tendência é que se torne cada vez menor. Isso se deve ao fato de que a evolução tecnológica prevê peças com menor massa, menos ruídos nos conjuntos, mais controle das emissões etc.

Alia-se a isso o desenvolvimento acentuado das máquinas e das ferramentas utilizadas na produção. *Tolerâncias dimensionais* obtidas anteriormente por processos de fabricação finais (normalmente utilizando ferramentas com geometria não definida, como o rebolo, em processos de retificação) são conseguidos por processos mais flexíveis e com ferramentas mais simples, que possuem geometria definida, como por exemplo, ferramentas de barra. Para a determinação dos valores das tolerâncias a serem colocadas nas peças individuais, há necessidade, a partir do conjunto, de conhecer a função que desempenharão dentro do conjunto. Nesse sentido, sempre se parte do desenho de conjunto para, posteriormente, tolerar as peças individuais.

1.3 TERMINOLOGIA BÁSICA

No processo de fabricação de uma peça, é necessário quantificar as grandezas dimensionais a fim de obter peças com dimensões dentro das especificações de projeto; essas peças para fins de tolerâncias e ajustes serão classificadas em Eixo e Furo. A parte em observação de uma peça será chamada *elemento* (no Capítulo 7 será introduzida uma diferença entre *elemento* e *elemento dimensional*. Por ora será utilizado o termo genérico *elemento*).

FURO: O conceito de furo, para fins de *tolerância* e ajuste, refere-se a todo *elemento* (incluindo *elementos* não cilíndricos) destinado a alojar uma característica externa de outra peça (Figura 1.2), indicado sempre com letras maiúsculas.

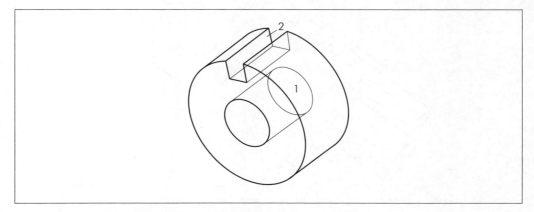

Figura 1.2: Representação de furos (elementos 1 e 2).

EIXO: O conceito de eixo para fins de tolerâncias e ajustes se refere ao *elemento* (incluindo também *elementos* não cilíndricos) destinado a acoplar-se em uma caraterística interna de outra peça (Figura 1.3), indicado sempre com letras minúsculas.

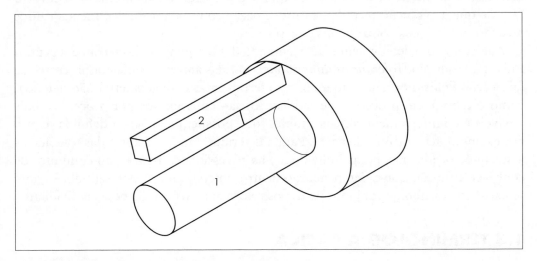

Figura 1.3:   Representação de eixos (elementos 1 e 2).

Quando o eixo acoplar-se a um furo, esse acoplamento será caracterizado por um ajuste que poderá ser com folga ou interferência (Figura 1.4).

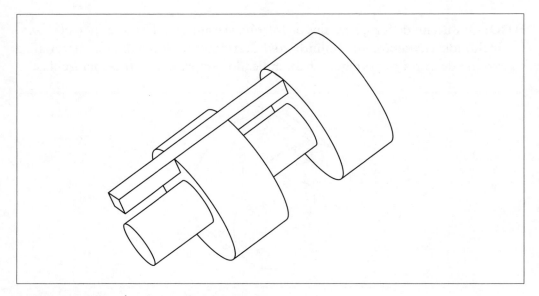

Figura 1.4:   Ajuste das peças em uma montagem.

1.3.1 Exemplo

1) Um eixo é acoplado a um motor por meio de uma polia. Quando o motor é acionado deseja-se transmitir o torque do motor ao eixo. No conjunto entre eixo e polia, para que o torque seja transmitido da polia para o eixo, tem-se a chaveta. Identificar neste acoplamento, os eixos e os furos (Figura 1.5).

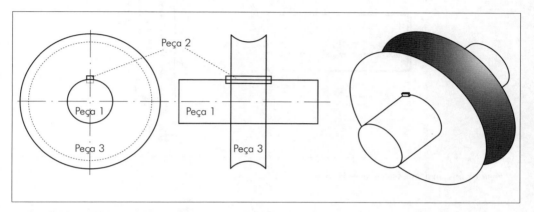

Figura 1.5: Acoplamento polia – eixo.

Resolução:

- No acoplamento entre a peça 1 e a peça 3:
  A peça 1 é o eixo e a peça 3 é o furo.
- No acoplamento entra a peça 1 e a peça 2:
  A peça 2 se encaixa na peça 1, portanto, a peça 2 é o eixo; a peça 1 recebe o encaixe, logo, é o furo.
- No acoplamento entra a peça 3 e a peça 2:
  A peça 2 se encaixa na peça 3, portanto a peça 2 é o eixo e a peça 3 é o furo.

1.4 TERMINOLOGIA DE *TOLERÂNCIA*

DIMENSÃO NOMINAL: É uma dimensão teórica que pode ser indicada no desenho. A partir desta dimensão são calculadas as *dimensões limites* pela aplicação dos afastamentos superior e inferior. Essa dimensão serve de base para as *dimensões limites* (Figura 1.6).

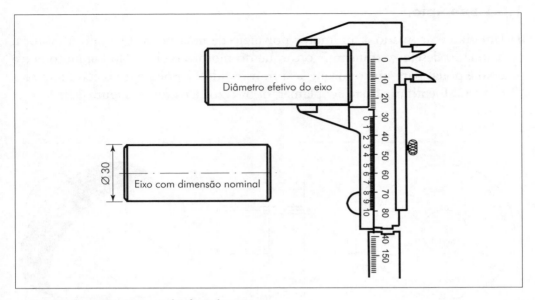

Figura 1.6: Dimensões nominal e efetiva de um eixo.

DIMENSÃO EFETIVA: Após as operações de fabricação, as peças serão submetidas a uma operação instrumentada, ou seja, por meio de um sistema de medição será quantificado o *elemento* em observação.

A dimensão que se obtém medindo a parte em observação da peça, ou seja, medindo um *elemento* é a *dimensão efetiva*. Na Figura 1.6 a dimensão nominal é 30 mm e a *dimensão efetiva* (medida) é de 30,02 mm.

DIMENSÕES LIMITES: Por meio da operação instrumentada determina-se a *dimensão efetiva* e esta definirá se o valor obtido fará a peça ser aprovada. Assim, é necessário conhecer as dimensões extremas permissíveis para o *elemento* em observação, ou seja, os valores máximo e mínimo admissíveis para a *dimensão efetiva*; estes são chamados *dimensões limites*.

DIMENSÃO MÁXIMA: É o valor máximo admissível para a *dimensão efetiva*, ou seja, a maior dimensão admissível para um *elemento* (Figura 1.7).

Simbologia: $D_{máx}$ para furos e $d_{máx}$ para eixos.

DIMENSÃO MÍNIMA: É o valor mínimo admissível para a *dimensão efetiva*, ou seja, a menor dimensão admissível para um *elemento* (Figura 1.7).

Simbologia: $D_{mín}$ para furos e $d_{mín}$ para eixos.

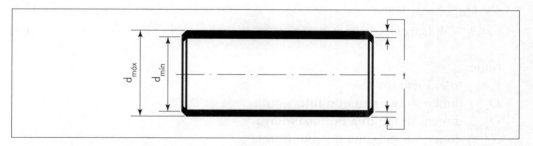

Figura 1.7: Ilustração das *dimensões máxima* e *mínima* e *tolerância t*.

AFASTAMENTO: É a diferença algébrica entre as *dimensões limites* e a dimensão nominal (quando indicada).
Como os afastamentos são a diferença entre as *dimensões limites* e a dimensão nominal, então, se tem dois afastamentos: o superior e o inferior.
- **AFASTAMENTO SUPERIOR**: O afastamento superior é determinado pela diferença algébrica entre a dimensão máxima e a correspondente dimensão nominal.

    Simbologia: A_s para furos e a_s para eixos.

    Obs.: a norma brasileira adota a simbologia E para os afastamentos, no caso E_s e e_s. Neste livro optou-se por manter as iniciais em português.

    Assim, tem-se:

$$A_s = D_{máx} - D_{furos} \text{(furos)} \quad \text{ou} \quad a_s = d_{máx} - d_{eixos} \text{(eixos)} \tag{1.1}$$

- **AFASTAMENTO INFERIOR**: O afastamento inferior é determinado pela diferença algébrica entre a dimensão mínima e a correspondente dimensão nominal.

    Simbologia: A_i para furos e a_i para eixos.

    Assim, tem-se:

$$A_i = D_{mín} - D_{furos} \text{ (furos)} \quad \text{ou} \quad a_i = d_{mín} - d_{eixos} \text{ (eixos)} \tag{1.2}$$

TOLERÂNCIA: É a variação permissível de um *elemento*, dada pela diferença entre a dimensão máxima e dimensão mínima ou entre o afastamento superior e o afastamento inferior, indicada pelo símbolo *t* (Figura 1.7).

$t = D_{máx} - D_{mín}$ (furos) ou $t = d_{máx} - d_{mín}$ (eixos) (1.3)

$t = A_s - A_i$ (furos) ou $t = a_s - a_i$ (eixos) (1.4)

onde:
t: *tolerância* (mm);
$D_{máx}$: dimensão máxima do furo (mm);
$D_{mín}$: dimensão mínima do furo (mm);
$d_{máx}$: dimensão máxima do eixo (mm);
$d_{mín}$: dimensão mínima do eixo (mm);
A_s: afastamento superior do furo (mm);
A_i: afastamento inferior do furo (mm);
a_s: afastamento superior do eixo (mm);
a_i: afastamento inferior do eixo (mm).

LINHA ZERO: Em uma representação gráfica de tolerâncias e ajustes, a linha zero indica a dimensão nominal (quando existente) e serve de origem aos afastamentos. Assim, todos os afastamentos (superior e inferior) situados acima da linha zero serão positivos, ao passo que os afastamentos situados abaixo da linha zero serão negativos (Figura 1.8).

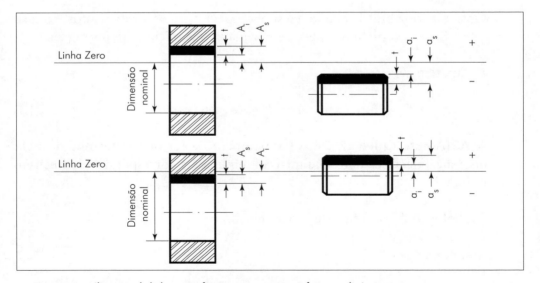

Figura 1.8: Ilustração da linha zero, afastamentos superior e inferior e *tolerância*.

Como exemplo, em uma dimensão D = 40 G7 (furo), os valores indicados para os afastamentos superior e inferior são +0,034 mm e +0,009 mm. Nesse caso, a linha de referência (linha zero) passará exatamente pela cota 40,000 mm, sendo que ambos os valores dos afastamentos estarão acima dessa linha, ou seja, a *dimensão efetiva* deste furo deve estar compreendida entre 40,034 mm e 40,009 mm, sendo que todas as peças com dimensões fora desse intervalo, deverão ser refugadas. Por meio deste exemplo, nota-se que:

$D_{máx} = D + A_s$ (para furos) e $d_{máx} = d + a_s$ (para eixos) (1.5)

$D_{mín} = D + A_i$ (para furos) e $d_{mín} = d + a_i$ (para eixos) (1.6)

1.4.1 Exemplos

1) Um eixo tem dimensão nominal Ø = 30 mm e afastamentos superior e inferior respectivamente +0,036 mm e +0,015 mm.
   a) Determinar as *dimensões limites*.
   b) Determinar a *tolerância*.
   c) Representar em um esquema a linha zero, as *dimensões limites*, os afastamentos e as *tolerâncias*.

Resolução:

a) Para se determinar as *dimensões máxima* e *mínima*, utiliza-se as expressões (1.5) e (1.6):

$d_{máx} = d + a_s$; $d_{máx} = 30,000 + 0,036 = 30,036$ mm

$d_{mín} = d + a_i$; $d_{mín} = 30,000 + 0,015 = 30,015$ mm

b) Para o cálculo da *tolerância*, no caso de eixos, usa-se a expressão (1.4):

$t = as - ai$

$t = 0,036 - 0,015 = 0,021$ mm

c) A Figura 1.9 mostra o esquema dos valores obtidos.

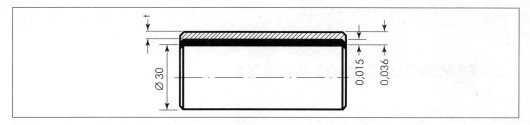

Figura 1.9:   Representação do eixo com os afastamentos superior e inferior.

2) Um eixo tem a dimensão Ø = 30 mm e afastamentos superior e inferior respectivamente +0,013 mm e –0,008 mm. Calcular a *tolerância t* e as *dimensões máxima* e *mínima*.

Resolução:

Nesse caso, tendo em vista o valor negativo do afastamento inferior (–0,008 mm), este estará abaixo da linha zero, sendo que o afastamento superior estará acima da linha zero (Figura 1.10).

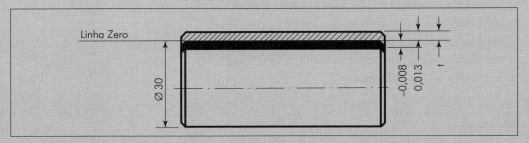

Figura 1.10: Representação do eixo com os afastamentos superior e inferior e *tolerância* t.

A expressão (1.4) apresenta, para *t*, no caso de eixos:

$t = a_s - a_i$
$t = 0,013 - (-0,008) = 0,021$ µm

A *dimensão máxima* pode ser calculada com o auxílio da expressão (1.5) (para eixos):

$d_{máx} = d + a_s$; $d_{máx} = 30,000 + 0,013 = 30,013$ mm

A dimensão mínima pode ser calculada com o auxílio da expressão (1.6) (para eixos):

$d_{mín} = d + a_i$; $d_{mín} = 30,000 + (-0,008) = 29,992$ mm

1.5 TERMINOLOGIA DE AJUSTES

EIXO-BASE: É aquele cujo afastamento superior é igual à zero, ou seja, é o eixo cuja *dimensão máxima* é igual à dimensão nominal (Figura 1.11).

Tolerâncias e Ajustes

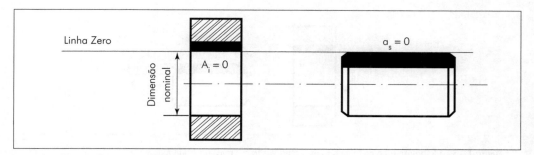

Figura 1.11: Furo-base e eixo-base.

FURO-BASE: É aquele cujo afastamento inferior é igual à zero, ou seja, é o furo cuja *dimensão mínima* é igual à dimensão nominal (Figura 1.11).

AFASTAMENTO FUNDAMENTAL: É o afastamento que define a posição do campo de *tolerância* em relação à linha zero, podendo ser o superior ou o inferior, mas por convenção, é aquele mais próximo da linha zero. Os afastamentos fundamentais dos eixos são calculados por fórmulas e os afastamentos fundamentais dos furos podem ser obtidos a partir dos afastamentos calculados dos eixos. Estas fórmulas são empíricas e encontram-se na norma NBR 6158 (1995). A Figura 1.12 mostra um exemplo de afastamento fundamental para um furo.

FOLGA: É a diferença positiva, em um acoplamento eixo-furo, entre as dimensões do furo e do eixo, quando a dimensão do eixo em seus limites for menor que a dimensão do furo em seus limites. Indicada pelo símbolo F (Figura 1.13).

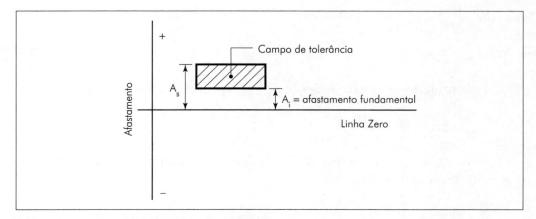

Figura 1.12: Exemplo de afastamento fundamental para furos.

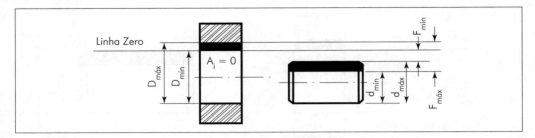

Figura 1.13: Representação de folga com as respectivas folgas máxima e mínima.

- **FOLGA MÁXIMA**: É a diferença positiva, entre a dimensão máxima do furo e a dimensão mínima do eixo, quando o eixo em seu limite mínimo, for menor que o furo em seu limite máximo. Indicada pelo símbolo $F_{máx}$.

$$F_{máx} = D_{máx} - d_{mín} \qquad (1.7)$$

onde:
$F_{máx}$: folga máxima (mm);
$D_{máx}$: dimensão máxima do furo (mm);
$d_{mín}$: dimensão mínima do eixo (mm).

Sabendo-se, da expressão (1.1) (para furos), que:

$A_s = D_{máx} - D$, tem-se,
$$D_{máx} = A_s + D \qquad (1.8)$$

Da expressão (1.2) (para eixos), tem-se:

$a_i = d_{mín} - d$, e:
$$d_{mín} = a_i + d \qquad (1.9)$$

Substituindo-se as expressões (1.8) e (1.9) em (1.7), tem-se:

$$F_{máx} = (A_s + D) - (a_i + d) \qquad (1.10)$$

Uma vez que em um ajuste D = d (as dimensões nominais do furo e eixo têm que ser iguais), obtém-se:

$$F_{máx} = A_s - a_i \qquad (1.11)$$

Tolerâncias e Ajustes

- **FOLGA MÍNIMA**: É a diferença positiva, entre a dimensão mínima do furo e a dimensão máxima do eixo, quando o eixo em seu limite máximo, for menor que o furo em seu limite mínimo. Indicada pelo símbolo $F_{mín}$.

$$F_{mín} = D_{mín} - d_{máx} \tag{1.12}$$

onde:
$F_{mín}$: folga mínima (mm);
$D_{mín}$: dimensão mínima do furo (mm);
$d_{máx}$: dimensão máxima do eixo (mm).

Sabendo-se, da expressão (1.2) (para furos), que:

$A_i = D_{mín} - D$, tem-se:
$$D_{mín} = A_i + D \tag{1.13}$$

Da expressão (1.1) (para eixos), tem-se:

$a_s = d_{máx} - d$, assim:
$$d_{máx} = a_s + d \tag{1.14}$$

Substituindo-se as expressões (1.13) e (1.14) em (1.12), tem-se:

$$F_{mín} = (A_i + D) - (a_s + d)$$

Uma vez que em um ajuste D = d, obtém-se:

$$F_{mín} = A_i - a_s \tag{1.15}$$

INTERFERÊNCIA: É a diferença negativa, em um acoplamento eixo-furo, entre as dimensões do furo e do eixo, quando a dimensão do eixo em seus limites for maior que a dimensão do furo em seus limites. Indicada pelo símbolo I (Figura 1.14).

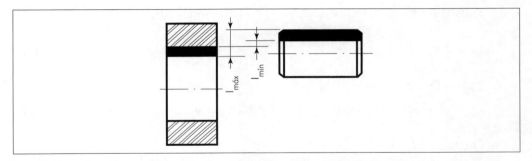

Figura 1.14: Representação de interferência com as respectivas interferências máxima e mínima.

- **INTERFERÊNCIA MÁXIMA**: É a diferença negativa, entre a dimensão mínima do furo e a dimensão máxima do eixo, quando o eixo em seu limite máximo for maior que o furo em seu limite mínimo. Indicada pelo símbolo $I_{máx}$.

$$I_{máx} = D_{mín} - d_{máx} \tag{1.16}$$

onde:
$I_{máx}$: interferência máxima (mm);
$D_{mín}$: dimensão mínima do furo (mm);
$d_{máx}$: dimensão máxima do eixo (mm).

Substituindo-se as expressões (1.13) e (1.14) em (1.16), obtém-se:

$$I_{máx} = (A_i + D) - (a_s + d) \tag{1.17}$$

Como D = d, tem-se:
$$I_{máx} = A_i - a_s \text{ (os resultados são valores negativos)} \tag{1.18}$$

Ou seja, a $I_{máx} = -F_{mín}$.

- **INTERFERÊNCIA MÍNIMA**: É a diferença negativa, entre a dimensão máxima do furo e a dimensão mínima do eixo, quando o eixo em seu limite mínimo for maior que o furo em seu limite máximo. Indicada pelo símbolo $I_{mín}$.

$$I_{mín} = D_{máx} - d_{mín} \tag{1.19}$$

onde:
$I_{máx}$: Interferência mínima (mm);
$D_{máx}$: Dimensão máxima do furo (mm);
$d_{mín}$: Dimensão mínima do eixo (mm).

Substituindo-se as expressões (1.8) e (1.9) em (1.19), obtém-se:

$$I_{mín} = (A_s + D) - (a_i + d) \tag{1.20}$$

Como D = d, tem-se:
$$I_{mín} = A_s - a_i \text{ (os resultados são valores negativos)} \tag{1.21}$$

Ou seja, a $I_{mín} = -F_{máx}$.

Tolerâncias e Ajustes

AJUSTE: Ajuste é o comportamento entre dois *elementos* (eixo e furo) a serem acoplados, ambos com a mesma dimensão nominal, ou seja, é a relação resultante da diferença, antes da montagem, entre as dimensões dos dois *elementos* a serem montados. O ajuste será caracterizado pela folga ou interferência apresentada no acoplamento entre os *elementos*.

- **AJUSTE COM FOLGA:** É aquele em que o afastamento superior do eixo é menor ou igual ao afastamento inferior do furo. Neste ajuste, sempre ocorrerá uma folga entre o furo e o eixo quando montados, ou seja, a dimensão máxima do eixo é sempre menor ou em caso extremo igual à dimensão mínima do furo. Há de se notar que por convenção, nos casos em que a folga mínima for zero, o ajuste é chamado ajuste com folga. Assim, o ajuste será com folga sempre que:

$$d_{máx} \leq D_{mín} \quad \text{ou} \quad a_s \leq A_i$$

Neste ajuste, quando um eixo acoplar-se a um furo, será caracterizado por apresentar uma folga máxima e uma folga mínima (Figura 1.13).

- **AJUSTE COM INTERFERÊNCIA:** É aquele em que o afastamento superior do furo é menor que o afastamento inferior do eixo. Neste ajuste ocorrerá uma interferência entre o furo e o eixo quando montados, ou seja, a dimensão máxima do furo é sempre menor que a dimensão mínima do eixo (Figura 1.14). Este ajuste se caracteriza por apresentar interferências máxima mínima, ou seja, o ajuste será com interferência sempre que:

$$d_{mín} > D_{máx} \quad \text{ou} \quad a_i > A_s$$

- **AJUSTE INCERTO:** É aquele no qual o afastamento superior do eixo (a_s) é maior que o afastamento inferior do furo (A_i) e o afastamento superior do furo (A_s) é maior ou igual ao afastamento inferior do eixo (a_i). Neste ajuste pode ocorrer uma folga ou uma interferência entre o furo e o eixo quando montados, ou seja, a dimensão máxima do eixo $(d_{máx})$ é maior que a dimensão mínima do furo $(D_{mín})$ – interferência; e a dimensão máxima do furo $(D_{máx})$ é maior ou igual à dimensão mínima do eixo $(d_{mín})$ – folga. (Figura 1.15). Portanto, o ajuste será incerto sempre que:

$$d_{máx} > D_{mín} \quad \text{ou} \quad a_s > A_i \quad \text{e}$$
(interferência)
$$d_{mín} \leq D_{máx} \quad \text{ou} \quad a_i \leq A_s$$
(folga)

Nos ajustes incertos determinam-se as folgas e interferências máximas.

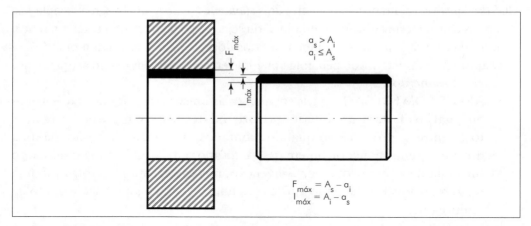

Figura 1.15: Ajuste incerto, em que, dependendo das dimensões efetivas das peças se terá um ajuste com folga ou interferência.

TOLERÂNCIA-PADRÃO (IT): A *tolerância-padrão* é a *tolerância* calculada para cada grau de *tolerância-padrão* e cada grupo de dimensões em função do fator de *tolerância-padrão i* ou *I*. A simbologia *IT* vem de *I* de *ISO* e *T* de *Tolerance*.

GRAU DE TOLERÂNCIA-PADRÃO (IT): Trata-se de um grupo de tolerância correspondente ao mesmo nível de precisão para todas as dimensões nominais. Os graus de *tolerância-padrão* são designados pelas letras *IT* e por um número (por exemplo, IT7), mas quando associados a um campo de *tolerância*, representado por letra, as letras *IT* são omitidas (exemplo h7)

CAMPO DE TOLERÂNCIA: É o conjunto de valores compreendidos entre os afastamentos superior e inferior. A *tolerância* é medida em milímetro (mm) ou micrômetro (μm). A relação entre mm e μm é:

1 mm = 1000 μm

CLASSE DE TOLERÂNCIA: Classe de *tolerância* é uma combinação de letras e números que representam respectivamente os afastamentos fundamentais e os graus de *tolerância-padrão*. Exemplos: H7 (para furos) e h7 (para eixos).

FATOR DE TOLERÂNCIA-PADRÃO (i,I): O fator de *tolerância-padrão* é um valor numérico calculado em função da dimensão nominal e que serve de base ao desenvolvimento da *tolerância-padrão* do sistema. O fator de *tolerância-padrão* será indicado por *i*, quando aplicado para dimensão nominal menor que 500 mm e indicado por *I*, quando aplicado à dimensão nominal maior que 500 mm.

Tolerâncias e Ajustes

VARIAÇÃO DE UM AJUSTE: A variação de um ajuste é definida como sendo a soma aritmética das tolerâncias dos dois *elementos*, ou seja,

$$t_{aj} = t_{eixo} + t_{furo} \tag{1.22}$$

SISTEMA DE TOLERÂNCIAS: Conjunto de princípios, regras, fórmulas e tabelas que permitem a escolha racional de tolerâncias para produção de peças intercambiáveis.

SISTEMA DE AJUSTES: Sistema compreendendo eixos e furos pertencentes a um sistema de tolerâncias.

CAPÍTULO 2

SISTEMAS DE TOLERÂNCIAS E AJUSTES

2.1 BASES DO SISTEMA DE TOLERÂNCIAS E AJUSTES

Para a elaboração do sistema de tolerâncias e ajustes foi desenvolvido um conjunto de regras e equações que tem como objetivo normatizar e limitar as variações das dimensões dos componentes de um conjunto.

2.2 GRUPO DE DIMENSÕES NOMINAIS

As *tolerâncias-padrão* e os afastamentos não são calculados individualmente para cada dimensão nominal; por conveniência são calculados para grupos de dimensões nominais, assim, todas as dimensões compreendidas em um mesmo grupo possuem valores de tolerâncias iguais.

O Quadro 2.1 apresenta o grupo de dimensões nominais para a determinação dessas tolerâncias.

Quadro 2.1: Grupos de dimensões nominais até 500 mm.

De (exclusive)	até (inclusive)	De (exclusive)	até (inclusive)
0	1	50	80
1	3	80	120
3	6	120	180
6	10	180	250
10	18	250	315
18	30	400	500
30	50		

2.3 GRAUS DE *TOLERÂNCIA-PADRÃO*

O sistema de tolerâncias e ajustes prevê 22 graus de *tolerâncias-padrão*, designados por IT01, IT0, IT1 a IT20 para a faixa de dimensões até 500 mm inclusive e 18 graus de *tolerâncias-padrão* na faixa de dimensões acima de 500 mm até 3150 mm inclusive, designados por IT1 a IT 18.

- Os graus de *tolerância-padrão* IT01 à IT3 para eixos e IT01 à IT4 para furos, são recomendados para calibradores.
- Os graus de *tolerância-padrão* IT4 à IT11 para eixos e IT5 à IT11 para furos, são recomendados para peças que formam conjuntos.
- Os graus de *tolerância-padrão* superiores à 11, seja para eixos, seja para furos, são recomendados para a execução mais grosseira de peças que. normalmente. não farão parte de um conjunto.

As *tolerâncias-padrão* (*IT*) para as dimensões até 500 mm foram determinadas segundo alguns critérios, sendo:

a) Graus de *tolerâncias-padrão* IT 01, IT0 e IT1:

Os valores das *tolerâncias-padrão* são determinados de maneira aproximada por meio das expressões:

$$IT01 = 0,3 + 0,001 \cdot D \ (\mu m) \tag{2.1}$$

$$IT0 = 0,5 + 0,012 \cdot D \ (\mu m) \tag{2.2}$$

$$IT1 = 0,8 + 0,020 \cdot D \ (\mu m) \tag{2.3}$$

onde:

D: média geométrica, em milímetros, dos dois valores extremos de cada grupo de dimensões (Quadro 2.1).

Sistemas de Tolerâncias e Ajustes

b) Graus de *tolerâncias-padrão* IT2, IT3 e IT4:

IT2: segundo termo de uma progressão geométrica, calculada por meio da interpolação de três termos entre a_1 (grau de *tolerância* IT1) e a_5 (grau de *tolerância* IT5);

IT3: terceiro termo de uma progressão geométrica, calculada por meio de interpolação de três termos entre a_1 (grau de *tolerância* IT1) e a_5 (grau de *tolerância* IT5);

IT4: quarto termo de uma progressão geométrica, calculada por meio da interpolação de três termos entre a_1 (grau de *tolerância* IT1) e a_5 (grau de *tolerância* IT5).

Os valores para as tolerâncias destes graus foram aproximadamente escalonados em progressão geométrica entre os valores IT1 e IT5, não seguindo uma lei matemática geral. IT5 é aproximadamente igual a 7 *i*.

c) Graus de *tolerâncias-padrão* IT5 a IT18: Os valores para as *tolerâncias-padrão* são determinados em função de um *fator de tolerância-padrão i*. O *fator de tolerância-padrão i* é calculado a partir da seguinte equação:

$$i = 0,45\sqrt[3]{D} + 0,001 \cdot D \ (\mu m)$$

(2.4)

onde:

i: fator de *tolerância-padrão* expressa em micrômetro (μm);

D: média geométrica, em milímetros, dos dois valores extremos de cada grupo de dimensões (Quadro 2.1).

2.3.1 Exemplos

1) Determinar de maneira aproximada, para a dimensão 12 mm, os graus de *tolerâncias-padrão* IT1, IT2, IT3, IT4 e IT5.

Resolução:

O grupo de dimensões no qual está inserido o valor de 12 mm, tem como valores extremos 10 e 18 mm, portanto, a média geométrica é:

i) $D = \sqrt{10.18} = 13,41$ mm   e $i = 0,45\sqrt[3]{13,41} + 0,001 \cdot 13,41 = 1,0824$ mm

ii) Para o cálculo de IT5, tem-se:

IT5 = 7i ∴ 7 · 1,0824 = 7,58 μm

E arredondando, tem-se 8 μm.

iii) Necessita-se determinar uma progressão geométrica composta de cinco termos, em que deve-se ter os valores de a_1 (IT1) e a_5 (IT5). O valor de IT1 é determinado por:

IT1 = 0,8 + 0,02 · D = 0,8 + 0,2 · 13,41 = 1,07 μm

A razão de uma progressão geométrica é determinada por:

$$q = \sqrt[n-1]{\frac{a_n}{a_1}}$$

E no presente caso, $a_n = a_5 = $ IT5 = 8 μm ; $n = 5$ termos e $a_1 = $ IT1 = 1,07 μm. Assim tem-se:

$$q = \sqrt[5-1]{\frac{8}{1,07}} \cong 1,65$$

Portanto,

$a_1 = $ IT1 = 1,07 μm;

$a_2 = $ IT2 = 1,07 · 1,65 = 1,76 μm ~ 2 μm;

$a_3 = $ IT3 = 1,76 · 1,65 = 2,91 μm ~ 3 μm;

$a_4 = $ IT4 = 2,91 · 1,65 = 4,80 μm ~ 5 μm.

O Quadro 2.2 mostra os graus de *tolerância-padrão* em função de *i*.

Quadro 2.2: Graus de *tolerâncias-padrão* em função do fator de *tolerância-padrão i* para dimensões até 500 mm.

IT5	IT6	IT7	IT8	IT9	IT10	IT11
7 i	10 i	16 i	25 i	40 i	64 i	100 i
IT12	**IT13**	**IT14**	**IT15**	**IT16**	**IT17**	**IT18**
160 i	250 i	400 i	640 i	1000 i	1600 i	2500 i

Sistemas de Tolerâncias e Ajustes

37

Do Quadro 2.2, verifica-se que, acima de IT6 progressivamente, as *tolerâncias-padrão* são multiplicadas por um fator 10 para cada grupo de cinco. Esta regra se aplica a todas as *tolerâncias-padrão* e pode ser usada para extrapolar valores para graus acima de IT18. Como exemplo:
Para IT20, tem-se:

$$10 \cdot IT15 = 10 \cdot 640\,i = 6400\,i$$

Para IT11, tem-se:

$$10 \cdot IT6 = 10 \cdot 10\,i = 100\,i$$

Para as dimensões nominais acima de 500 mm até 3.150 mm os valores para as *tolerâncias-padrão* nos graus IT1 a IT18 são determinados como uma função de um fator de *tolerância-padrão I*. Este fator é calculado a partir da seguinte equação:

$$I = 0,004 \cdot D + 2,1\,(\mu m) \tag{2.5}$$

onde:
D: média geométrica, em milímetros, do grupo de dimensões nominais, acima de 500 mm, (não apresentado neste livro, disponível na norma NBR6158).

Para esse grupo de dimensões, os valores das *tolerâncias-padrão* são calculados em função do fator *I* (Quadro 2.3).

Quadro 2.3: Graus de *tolerâncias-padrão* em função do fator de *tolerância L*, para dimensões nominais acima de 500 mm.

IT2	IT3	IT4	IT5	IT6	IT7	IT8	IT9	IT10	IT11	IT12	IT13	IT14
2,7 I	3,7 I	5 I	7 I	10 I	16 I	25 I	40 I	64 I	100 I	160 I	250 I	400 I

A partir das expressões apresentadas e os Quadros 2.1 e 2.2, obtém-se os graus de *tolerância-padrão* mostradas na Tabela A.2.1, com as devidas aproximações.

2) Responda:
   a. Qual o *fator de tolerância-padrão* para 12 mm?
   b. Determinar o grau de *tolerância-padrão* para a qualidade de *tolerância* IT7, utilizando-se do cálculo.

Resolução:

a. O grupo de dimensões no qual está inserido o valor 12 mm, tem como valores extremos 10 e 18 mm (Quadro 2.1), portanto, a média geométrica é:

$$D = \sqrt{10 \cdot 18} = 13,14 \text{ mm}$$

$$i = 0,45\sqrt[3]{13,41} + 0,001 \cdot 13,41 \therefore i = 1,0824 \text{ mm}$$

b. O grau de *tolerância-padrão* para a qualidade de trabalho IT7 é dada pelo Quadro 2.2:

$$t = 16 \, i$$
$$t = 16 \cdot 1,0824 = 17,32 \text{ μm}$$

3) Responda:
   a. Qual o grau de *tolerância-padrão* para 7 mm?
   b. Determinar o grau de *tolerância-padrão* para a qualidade de trabalho IT8, utilizando-se de cálculo.

Resolução:

a. No presente exemplo, o grupo de dimensões que compreende o valor 7 mm tem como valores extremos 6 e 10 mm (Quadro 2.1). Calculando-se o fator de *tolerância* da mesma forma anterior, chega-se ao valor:

$$i = 0,8936 \text{ μm}$$

b. Para a qualidade de *tolerância* IT8, o grau de *tolerância-padrão* é dada por (Quadro 2.2):

$$t = 25 \, i, \text{ portanto,}$$
$$t = 25 \cdot 0,8936 \therefore t = 22,4 \text{ μm}$$

3
CAPÍTULO

CAMPOS DE TOLERÂNCIA

3.1 INTRODUÇÃO

Por meio do fator de *tolerância-padrão* e feito os arredondamentos, é determinada a *tolerância-padrão* para os vários grupos de dimensões (Tabela A.2.1). As *tolerâncias-padrão* indicam o valor total da tolerância para um determinado grupo de dimensões, segundo um determinado grau de *tolerância-padrão*, todavia, a *posição dos campos de tolerância* em relação à linha zero ainda é desconhecida. Essa posição do campo de tolerância é definida pelo *afastamento fundamental*.

O *afastamento fundamental* é aquele que define a posição do campo de tolerância em relação à linha zero, podendo ser o superior ou o inferior, mas, por convenção, é aquele mais próximo da linha zero.

A posição do campo de tolerância pode ser representada por uma ou duas letras, as maiúsculas reservadas para os furos e as minúsculas para os eixos, como segue:

- **FUROS**: A - B - C - CD - D - E - EF - F - FG - G - H - J - JS - K - M - N - P - R - S - T - U - V - X - Y - Z - ZA - ZB – ZC;

- **EIXOS**: a - b - c - cd - d - e - ef - f - fg - g - h - j - js - k - m - n - p - r - s - t - u - v - x - y - z - za - zb - zc.

A Figura 3.1 representa esquematicamente as posições dos campos de tolerância em relação à linha zero (dimensão nominal).

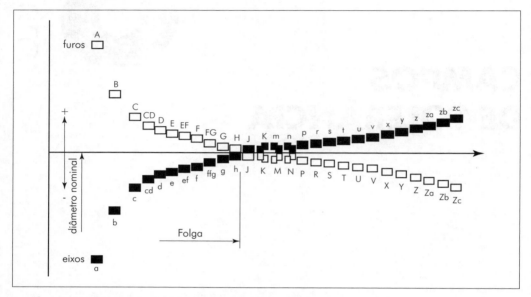

Figura 3.1: Posições dos campos de tolerância em relação à linha zero.

Observando a Figura 3.1, nota-se que os afastamentos fundamentais para os eixos, cujos afastamentos são designados com as letras de *a* até *g*, encontram-se abaixo da linha zero, ou seja, tanto os afastamentos superiores como os inferiores desses eixos serão sempre negativos, porém o afastamento fundamental é o superior, mais próximo da linha zero. Da mesma forma, os afastamentos fundamentais para os furos cujos afastamentos são designados com as letras de *A* até *G*, encontram-se acima da linha zero, portanto, os afastamentos superiores e inferiores desses furos serão sempre positivos, porém o afastamento fundamental é o inferior, mais próximo da linha zero.

3.2 DERIVAÇÃO DOS AFASTAMENTOS FUNDAMENTAIS

Os *afastamentos fundamentais* para os eixos são calculados a partir de equações e regras definidas, cujos resultados estão apresentados na Tabela A.3.1.

As expressões para determinação dos valores constantes na Tabela A.3.1 encontram-se detalhadas na norma NBR 6.158.

Campos de Tolerância

41

AFASTAMENTOS FUNDAMENTAIS PARA EIXOS DE *a* ATÉ *h*: Para os eixos com posições de campos de tolerância de *a* até *h*, os afastamentos fundamentais são os afastamentos superiores (mais próximos da linha zero).

Para a posição do campo de tolerância *js*, rigorosamente, não há afastamento fundamental, pois tanto os afastamentos superior e inferior são distribuídos de forma simétrica em torno da linha zero.

AFASTAMENTOS FUNDAMENTAIS PARA EIXOS DE *j* ATÉ zc: Para os eixos com afastamentos nominais de *k* até *zc*, os afastamentos fundamentais, são aqueles correspondentes aos limites mais próximos à linha zero, ou seja, o afastamento inferior.

Os eixos com afastamentos nominais *js* são determinados por $\pm\, 0,5$ IT, portanto, não possuem afastamentos fundamentais.

Para os afastamentos fundamentais de *a* até *h* e de *m* até *zc*, o valor do afastamento é independente do grau de *tolerância-padrão*, mesmo nos casos em que, para a determinação dos afastamentos dos furos, se dê a regra especial.

Tendo-se um dos afastamentos fundamentais, torna-se fácil a obtenção do outro afastamento, pela adição ou subtração com a *tolerância t*, como segue:

$$a_s - t = a_i \tag{3.1}$$
$$A_s - t = A_i \tag{3.2}$$

AFASTAMENTOS FUNDAMENTAIS PARA FUROS DE A ATÉ H: O afastamento fundamental para os furos é exatamente simétrico em relação à linha zero, correspondente ao afastamento fundamental para um eixo com a mesma letra. Esta regra se aplica a todos os afastamentos fundamentais exceto para os afastamentos *N*, no qual o afastamento fundamental para os graus de *tolerância-padrão* IT9 a IT16 é zero (afastamento superior nulo).

Portanto, para os furos com afastamentos nominais de *A* até *H*, o valor do afastamento inferior do furo tem o mesmo valor absoluto do afastamento superior do eixo, para grau de *tolerância-padrão* e afastamentos fundamentais com a mesma letra, e esta afirmação é válida também para o afastamento superior do furo, com afastamentos nominais de M até ZC (salvo Regra Especial), ou seja, (Regra Geral):

$$A_i = -a_s \tag{3.3}$$
$$A_s = -a_i \tag{3.4}$$

onde:

a_s: afastamento superior do eixo (mm ou µm);

a_i: afastamento inferior do eixo (mm ou µm);
A_s: afastamento superior do furo (mm ou µm);
A_i: afastamento inferior do furo (mm ou µm).

Assim, um eixo 40g6 é exatamente simétrico a um furo 40G6, por exemplo, o que não ocorre quando se aplica a Regra Especial (Figura 3.2).

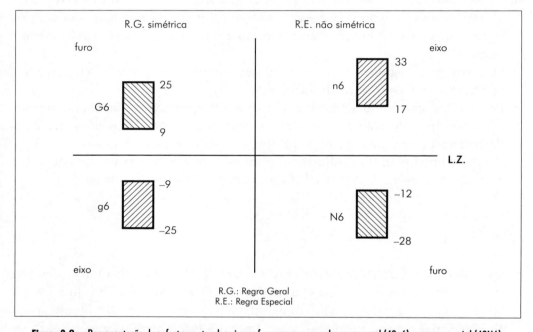

Figura 3.2: Representação dos afastamentos dos eixos e furos em um caso da regra geral (40g6) e regra especial (40N6).

AFASTAMENTOS FUNDAMENTAIS PARA FUROS DE P ATÉ ZC: Para as dimensões superiores à 3 mm, para os furos *J* à *N* até o grau de *tolerância-padrão* IT8 inclusive e para os furos de *P* até *ZC* até o grau de *tolerância-padrão* 7 inclusive, o afastamento fundamental é determinado pela expressão (Regra Especial):

$$A_{s(n)} = -a_{i(n-1)} + \left[IT_{(n)} - IT_{(n-1)} \right]$$

(3.5)

onde:
$A_{s(n)}$: afastamento superior do furo para o grau de *tolerância-padrão* (n);
$a_{i(n-1)}$: afastamento inferior do eixo para o grau de *tolerância-padrão* $(n-1)$;

Campos de Tolerância

IT_n: valor da tolerância para o grau de *tolerância-padrão* (*n*);
IT_{n-1}: valor da tolerância para o grau de *tolerância-padrão* (*n* – 1).

Assim, o afastamento superior (A_s) do furo é igual ao afastamento inferior (a_i) do eixo, da mesma letra e com o grau de *tolerância-padrão* imediatamente mais fina, com sinal trocado, aumentada da diferença entre as tolerâncias dos dois graus de *tolerância-padrão*.

Nos casos em que se aplica a regra especial, para dimensões acima de 3 mm até 500 mm (inclusive), um furo com um certo grau de *tolerância--padrão* associado a um eixo de grau próximo inferior (exemplo H7/p6) terá a mesma folga ou interferência de seu equivalente eixo-base com as qualidades de trabalho trocadas (no caso P7/h6) (Figura 3.3).

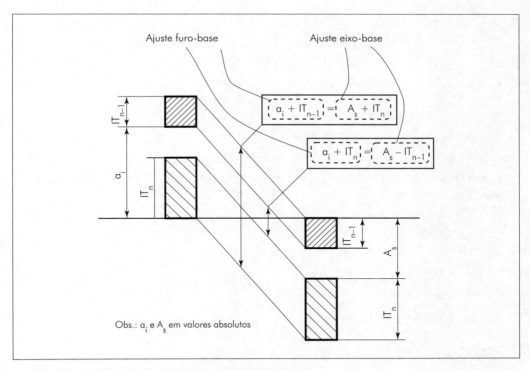

Figura 3.3: Representação esquemática furo-base e eixo-base.

3.2.1 Exemplos

1) Verificar a equivalência para a situação 25 H7/p6 e 25 P7/h6.

Resolução:

Para o furo 25 H7, tem-se, de acordo com a Tabela A.3.1 o valor do afastamento fundamental para o eixo 25 h, o afastamento $a_s = 0$. Como se trata da Regra Geral, o afastamento inferior para o furo A_i será zero. Da Tabela A.2.1 tem-se para a *tolerância t*, grau de *tolerância-padrão* 7, dimensão 25 mm, o valor 21 μm. Assim $A_s = 21$ μm. Para o eixo 25 p6, obtém-se diretamente o afastamento fundamental na tabela A.3.2, $a_s = 22$ μm. Da Tabela A.2.1, grau de *tolerância-padrão* 6, tem-se a tolerância $t = 13$ μm. Uma vez que $t = a_s - a_i$, obtém-se para a_s o valor de 35 μm. Para o furo 25 P7, aplica-se a Regra Especial, portanto:

$$A_s(7) = -a_i(6) + IT(7) - IT(6)$$

em que:

$-a_i(6) = -22$ μm (Tabela A.3.1)

$IT(7) = 21$ μm (Tabela A.2.1)

$IT(6) = 13$ μm (Tabela A.2.1)

$A_s(7) = -22 + (21 - 13) = -14$ μm

$t = A_s - A_i; 21 = -14 - A_i \Rightarrow A_i = 35$ μm

Para o eixo 25 h6 obtêm-se os valores $a_s = 0$ (Tabela A.3.1) e $a_i = -13$ μm (Tabela A.2.1).

Resumindo, tem-se:

25 H7; $A_s = 21$ μm; $A_i = 0$ μm

25 p6; $a_s = 35$ μm ; $a_i = 22$ μm

25 P7; $A_s = -14$ μm; $A_i = -35$ μm

25 h6; $a_s = 0$ μm; $a_i = -13$ μm

Aplicando-se as expressões da Figura 3.3, tem-se:

$a_i + IT_{n-1} = A_s + IT_n$

$22 + 13 = 14 + 21$

$35 = 35$

e

Campos de Tolerância

$$a_i + IT_n = A_s - IT_{n-1}$$
$$22 - 21 = 14 - 13$$
$$1 = 1$$

2) Determinar os afastamentos superior e inferior do eixo 40g6.

Resolução:

Na Tabela A.3.1 encontra-se o valor – 9 μm para o afastamento superior a_s. Da Tabela A.2.1, encontra-se o valor 16 μm para a *tolerância t*, para grau da *tolerância-padrão* 6, dimensão Ø = 40 mm. Portanto, utilizando-se a expressão (3.3), encontra-se para a_i o valor – 25 μm.

3) Determinar os afastamentos superior e inferior do eixo 60js8.

Resolução:

Para campos de tolerância js, vale a expressão, $\pm \frac{1}{2} IT$. Da Tabela A.2.1, encontra-se para o grau de *tolerância-padrão* IT8, dimensão 60 mm, o valor t = 46 μm. Portanto, os afastamentos superior e inferior do eixo serão respectivamente +23 μm e –23 μm.

4) Determinar os afastamentos superior e inferior do furo 40N6.

Resolução:

Para o campo de tolerância N e grau de *tolerância-padrão* (IT6), aplica-se a Regra Especial, expressão (3.5). Portanto, pela aplicação da expressão, tem-se:

$$A_s (6) = - a_i (5) + [IT6 - IT5]$$

onde:
$a_i(5) = + 17$ m para a posição (n);   (Tabela A.3.1);
$IT6 = 16$ μm   (Tabela A.2.1);
$IT5 = 11$ μm   (TabelaA.2.1).

portanto,

$A_s(6) = -17 + [16 - 11] = -12$ μm

$A_i = A_s - t = -12 - 16 = -28$ μm

Obs.: verifica-se pela Tabela A.3.1, que o afastamento inferior do eixo para a posição *n*, independente do grau de *tolerância-padrão*, terá sempre o mesmo valor, dentro de um grupo de dimensões, uma vez que o valor do afastamento inferior está indicado para a posição do campo de tolerância genérico *n*. Assim, o afastamento inferior do eixo 40n4, 40n5, 40n6 etc., terá sempre o mesmo valor +17 μm. Esta mesma observação é válida para todos os campos de tolerância, exceto para os campos *j* e *k*.

3.3 CLASSES DE *TOLERÂNCIAS*

A classe de *tolerância* é formada pela combinação de letras que representam o afastamento fundamental, seguida por um número que representa o grau de *tolerância-padrão*. Por exemplo, H6 (corresponde a um furo) cujo afastamento fundamental ocupa a posição H e o número 6 representa o grau de *tolerância-padrão*, também chamado qualidade de trabalho.

3.3.1 Representação da dimensão com tolerância

Existem diversas maneiras de representar as tolerâncias em uma dimensão. Uma delas ocorre quando a dimensão é representada pelos seus limites; nesta situação não é definida a dimensão nominal e sim os *limites de tolerância* (Figura 3.4).

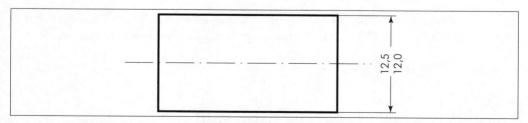

Figura 3.4: Representação da dimensão de um *elemento dimensional* dada pelos limites de tolerância.

Campos de Tolerância

Outra maneira de representar a *tolerância* é mostrar a *dimensão nominal*, seguida dos valores dos afastamentos (Figura 3.5). No caso em que ambos os afastamentos forem positivos, não há necessidade da colocação do sinal.

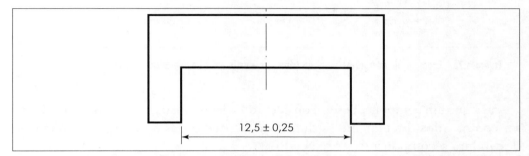

Figura 3.5: Representação da dimensão de um *elemento dimensional*, pela dimensão nominal e seus afastamentos.

Pode-se representar também, a *dimensão nominal* acrescentada da *posição do campo de tolerância* (letras) seguido do grau de *tolerância-padrão* (números). Tal forma é apresentada na Figura 3.6.

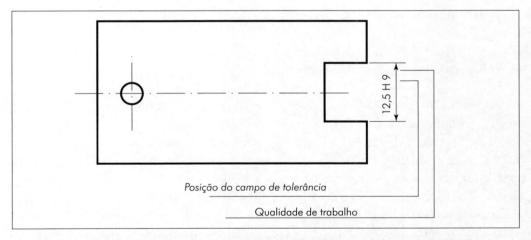

Figura 3.6: Representação da dimensão de um *elemento dimensional* pela dimensão nominal, *posição do campo de tolerância* e grau de *tolerância-padrão* (ou qualidade de trabalho).

A tolerância ainda pode ser bilateral (simétrica ou assimétrica) e unilateral (Figura 3.7). Nas tolerâncias unilaterais, não há necessidade de representar o zero.

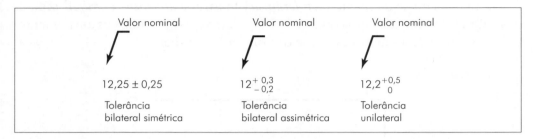

Figura 3.7: Exemplos de tolerâncias bilaterais (simétrica e assimétrica) e tolerância unilateral.

Para que um componente seja considerado adequado, os valores medidos devem ser comparados diretamente às dimensões especificadas no desenho, e qualquer desvio fará o componente ser rejeitado.

Por exemplo, tomando-se como base a medida $25^{0,30}_{0}$. Quaisquer peças entre estes limites seriam aceitas, todavia, peças com dimensões 25,301; 25,3001 etc., seriam rejeitadas.

3.3.2 Exemplo

1) Determinar os afastamentos e as *dimensões limites* para o eixo 40g5. Qual a *dimensão nominal*? Os eixos com dimensões 39,950; 39,991; 40,000 e 40,009 seriam rejeitados?

Resolução:

A dimensão nominal é de 40 mm. A posição do campo de tolerância é *g* e o grau de *tolerância-padrão* é 5.

Com base nas Tabelas A.3.1 e A.2.1, observa-se que esse eixo apresenta um afastamento superior de –9 μm e um afastamento inferior de –20 μm. Assim, qualquer eixo com dimensões entre o intervalo de 39,980 mm e 39,991 mm será uma peça aceita. Logo, as dimensões 39,950; 40,000 e 40,009 mm fariam rejeitar as peças nesse processo de fabricação; somente o eixo com 39,991 seria aceito. Pode parecer estranho ao leitor uma peça com a exata dimensão nominal ser rejeitada, mas em conjuntos complexos, folgas e interferências são primordiais para o seu correto funcionamento, assim, o eixo estudado, pode ser parte integrante, por exemplo, de um sistema de encaixe com folga em um furo com dimensão nominal 40 mm. Uma dimensão também pode ser indicada no desenho sem uma tolerância explícita. Nesta situação, pode ser indicado no desenho a expressão "para dimensões não toleradas, a tolerância geral de trabalho é de ±1 mm", (Figura 3.8).

Campos de Tolerância

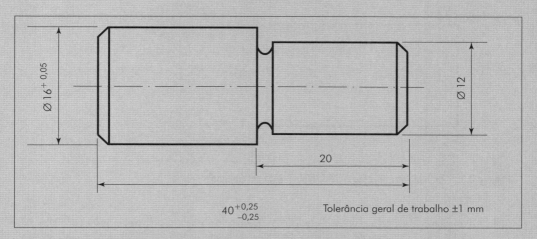

Figura 3.8: Indicação da tolerância geral de trabalho para dimensões não toleradas.

Outra alternativa é a utilização da norma NBR ISO 2768-1:2001. Se esta for a alternativa, deve ser indicada na legenda ou próxima a ela "NBR 2768-m", por exemplo, em que f, m, c e v estão relacionados aos valores dos afastamentos admissíveis (Tabela 3.1). A Figura 3.9 mostra um exemplo da indicação da norma.

Tabela 3.1: Afastamentos admissíveis para dimensões não toleradas (excetuando cantos quebrados), segundo NBR ISO 2768-1:2001.

Classe de tolerância		Afastamentos admissíveis para intervalo de dimensões básicas							
Designação	Descrição	De 0,5[1] até 3	Acima de 3 até 6	Acima de 6 até 30	Acima de 30 até 120	Acima de 120 até 400	Acima de 400 até 1.000	Acima de 1.000 até 2.000	Acima de 2.000 até 4.000
f	Fino	±0,05	±0,05	±0,1	±0,15	±0,2	±0,3	±0,5	—
m	Médio	±0,1	±0,1	±0,2	±0,3	±0,5	±0,8	±1,2	±2
c	Grosso	±0,2	±0,3	±0,5	±0,8	±1,2	±2	±3	±4
v	Muito Grosso	—	±0,5	±1	±1,5	±2,5	±4	±6	±8

[1] Para dimensões nominais abaixo de 0,5 mm, o afastamento deve ser indicado junto à dimensão nominal correspondente.

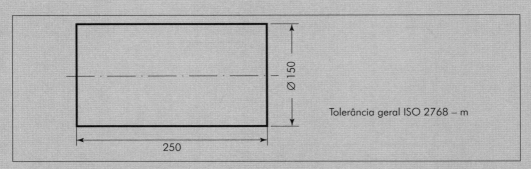

Figura 3.9: Exemplo da utilização da NBR 2768-1:2001 em desenho.

Na situação mostrada, os valores das tolerâncias para as dimensões de 150 e 250 mm correspondem a ±0,5 mm.

CAPÍTULO 4

SISTEMAS DE AJUSTES

4.1 INTRODUÇÃO

Para a fabricação de peças, inicialmente, há necessidade de saber as dimensões limites e verificar se as peças fabricadas atendem ou não a essas dimensões limites. Porém, quando se trata de um ajuste estuda-se o comportamento de um eixo acoplado a um furo.

Para o sistema de ajustes são utilizados os conceitos de *eixo-base* e *furo-base* (Figuras 4.1 e 4.2).

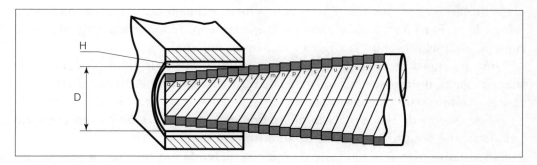

Figura 4.1: Ajustes no sistema furo-base.

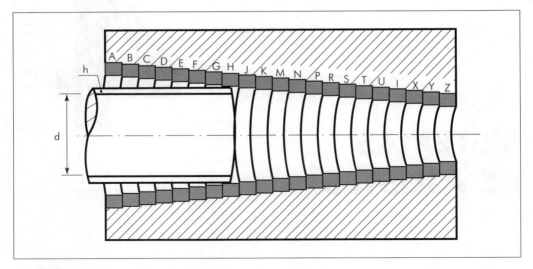

Figura 4.2: Ajustes no sistema eixo-base.

4.2 SISTEMA DE AJUSTE EIXO-BASE

O sistema de ajuste *eixo-base* é aquele em que são obtidas associações de furos de várias classes de tolerância com o eixo de uma única classe de tolerância, o *eixo-base*. *Eixo-base* é aquele em que o *afastamento fundamental* é igual a zero, ou seja, a dimensão máxima é igual à dimensão nominal.

Nesse caso, o *afastamento fundamental* do *eixo-base* é representado pela letra *h* e sempre o afastamento superior será igual a zero.

No sistema *eixo-base* a classe do ajuste é definida em função da posição do campo de tolerância do furo, ou seja, do *afastamento fundamental* do furo.

4.3 SISTEMA DE AJUSTE FURO-BASE

O sistema de ajuste *furo-base* é aquele em que são obtidas as associações de eixos de várias classes de tolerâncias com o furo de uma única classe de tolerância, o *furo-base*. *Furo-base* é aquele em que o *afastamento fundamental* é igual a zero, ou seja, a dimensão mínima é igual a dimensão nominal.

Uma vez que a fabricação de furos é mais difícil que a de eixos procura-se, de maneira geral, utilizar-se mais o sistema de furo-base em que se deixa graus de tolerância menores para os eixos.

Nesse sistema de ajuste o *afastamento fundamental* do *furo base* é representado pela letra *H* e sempre o afastamento inferior será igual a zero.

No sistema *furo-base* a classe de ajuste é definida em função da posição do campo de tolerância do eixo, ou seja, do *afastamento fundamental* do eixo.

4.4 SISTEMAS DE AJUSTES

Nos acoplamentos deve-se sempre usar, para evitar um número muito elevado de combinações, ajuste no sistema *furo-base* ou no sistema *eixo-base*. Exceção é feita nos ajustes de eixos com anéis internos de rolamento.

Em acoplamentos são previstos três classes de ajustes:

AJUSTE COM FOLGA: O ajuste com folga é aquele no qual sempre ocorrerá folga entre o furo e o eixo quando acoplados, ou seja, quando a dimensão máxima do eixo for menor ou igual à dimensão mínima do furo.

O ajuste com folga se caracteriza por apresentar uma folga máxima e uma mínima. Dos acoplamentos seguintes resultam sempre ajustes com folga:

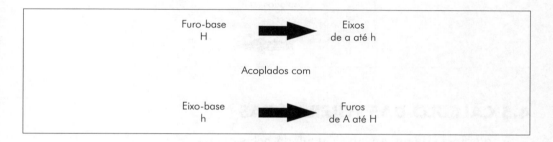

AJUSTE COM INTERFERÊNCIA: O ajuste com interferência é aquele no qual ocorrerá uma interferência entre o furo e o eixo quando acoplados, ou seja, a dimensão máxima do furo é sempre menor que a dimensão mínima do eixo.

O ajuste com interferência se caracteriza por apresentar uma interferência máxima e uma mínima.

Os acoplamentos seguintes *tendem* a resultar ajustes com interferência, dependendo do grau das *tolerâncias-padrão* e dos *afastamentos fundamentais*:

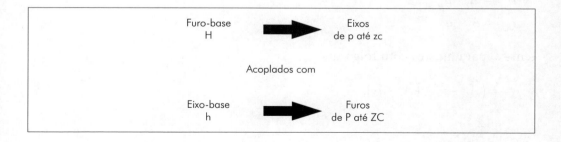

AJUSTES INCERTOS: O ajuste incerto é o ajuste no qual pode ocorrer uma folga ou uma interferência entre o furo e o eixo quando acoplados, isto ocorrerá quando a dimensão máxima do eixo for maior que a dimensão mínima do furo e a dimensão máxima do furo for menor ou igual à dimensão mínima do eixo.

O ajuste incerto se caracteriza por apresentar uma interferência máxima e uma folga máxima

Os acoplamentos seguintes, entre outros possíveis, *tendem* a resultar ajustes incertos dependendo do grau de *tolerância-padrão* e dos *afastamentos fundamentais*.

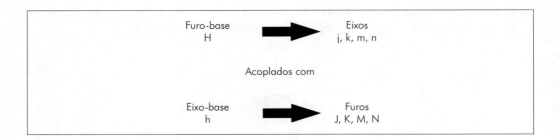

4.5 CÁLCULO DAS TOLERÂNCIAS

A tolerância de um ajuste é calculada pelas expressões:

$$t_{ajuste} = t_{eixo} + t_{furo} \tag{4.1}$$

$$t_{aj} = (a_s - a_i) + (A_S - A_i) \quad \text{ou} \quad t_{aj} = (A_s - a_i) - (+A_i = a_s)$$

uma vez que:

$F_{máx} = A_s - a_i$
$F_{mín} = A_i - a_s$
$I_{máx} = A_i - a_s$
$I_{mín} = A_s - a_i$

tem-se, para ajustes com folga que:

$$t_{aj} = (A_s - a_i) - (A_i - a_s),$$

ou seja,

$$t_{aj} = F_{máx} - F_{mín}$$

Sistemas de Ajustes

tem-se para ajuste com interferência que:

$$t_{aj} = +I_{mín} - I_{máx}$$

ou

$$t_{aj} = \left|I_{máx}\right| - \left|I_{mín}\right|, \text{ em valores absolutos}$$

E, para ajustes incertos tem-se $I_{máx}$ e $F_{máx}$, portanto, da expressão (4.1), obtém-se:

$$t_{aj} = \left(A_s - a_i\right) - \left(A_i - a_s\right)$$

$$t_{aj} = F_{máx} - I_{máx} \quad \text{ou} \quad t_{aj} = F_{máx} + \left|I_{máx}\right|, \text{ em valores absolutos}$$

Resumindo, tem-se:
para ajustes com folga,

$$t_{ajuste} = F_{máx} - F_{mín}, \tag{4.2}$$

para ajustes com interferência:

$$t_{ajuste} = \left|I_{máx}\right| - \left|I_{mín}\right| \, , \tag{4.3}$$

e para ajustes incertos:

$$t_{ajuste} = F_{máx} + \left|I_{máx}\right| \tag{4.4}$$

De maneira geral é mais fácil, para a fabricação, variar-se medidas de eixos do que de furos, portanto, em princípio deve-se utilizar o sistema *furo-base*, e procurar deixar a menor tolerância para o eixo. Assim, na tolerância de um ajuste, tentar procurar uma solução em que $t_{eixo} < t_{furo}$.

4.5.1 Exemplo

Deseja-se realizar um ajuste em uma dimensão nominal de 80 mm. Ensaios realizados a diversas velocidades e temperaturas de funcionamento mostraram que a folga mínima não deve ser inferior a 40 μm e que a folga máxima deve ser de 120 μm. Encontrar um ajuste ISO (tabelado) que mais se aproxime da condição especificada. Considerar a mesma qualidade de trabalho para o eixo e furo.

Resolução:

Dimensão nominal = 80 mm
Folga mínima ≥ 0,040 mm
Folga máxima = 0,120 mm

$$t_{aj} = F_{máx} - F_{mín}$$
$$F_{mín} = F_{máx} - t$$
$$F_{máx} - t \geq 0,040$$
$$0,120 - t \geq 0,040$$
$$-t \geq 0,040 - 0,120$$
$$t \leq 0,080 \text{ mm}$$

Nesse caso, o furo e o eixo têm a mesma qualidade de trabalho (dado no enunciado). Assim, a tolerância do eixo tem o mesmo valor da tolerância do furo, ou seja, a metade do valor da tolerância total do ajuste.

$$t_{eixo} = t_{furo} \leq 0,040 \text{ mm}$$

Da Tabela A.2.1, para uma tolerância menor ou igual a 0,040 mm e dimensão nominal de 80 mm, tem-se uma qualidade de trabalho (IT) menor ou igual a 7. Assim, para um sistema furo-base, deve-se testar os valores da qualidade de trabalho disponíveis (7, 6, 5, ...).

Para IT = 7, e considerando-se o sistema furo-base:

$80H7 \longrightarrow As = 0,030 \text{ mm}$ e $Ai = 0,000 \text{ mm}$ (Tabela A.4.1)

$$F_{máx} = A_s - a_i$$
$$0,120 = 0,030 - a_i$$
$$a_i = -0,090 \text{ mm}$$

$$F_{mín} \geq 0,040 \text{ mm}$$
$$A_i - a_s \geq 0,040 \text{ mm}$$
$$a_s \leq -0,040 \text{ mm}$$

Na Tabela A.4.2, para IT = 7 e dimensão nominal de 80 mm, encontram-se os valores de $a_s = -0,060$ (atende a condição $a_s \leq -0,040$ mm) e $a_i = -0,090$ mm (atende a condição $a_i = -0,090$ mm) para o campo de tolerância e.
Portanto, o ajuste é 80H7e7 onde $F_{máx} = 0,120$ mm e $F_{mín} = 0,090$ mm.

4.6. INFLUÊNCIA DA TEMPERATURA NOS AJUSTES

Os ajustes dos acoplamentos são influenciados pelas temperaturas de trabalho ou pelos aquecimentos dos componentes. A temperatura de referência, utilizada para os cálculos, é considerada como sendo $T_{amb} = 20$ °C.

A variação da dimensão (ΔD ou Δd) altera a localização da tolerância (afastamentos), mas não altera o valor da tolerância. A alteração do campo de tolerância segue um padrão linear.

Considera-se que dentro da variação de temperatura, $\Delta D = Tb - T_{amb}$, os coeficientes de dilatação térmica se mantêm constantes.

A Figura 4.3 mostra uma situação na qual há folga, em que $F_{mín20°}$ representa à folga mínima na temperatura de referência e $F_{mínb}$ a folga mínima na temperatura b. Da mesma forma, para a interferência, Figura 4.4, $I_{mín20°}$ representa a interferência mínima na temperatura de referência ($T_{amb} = 20°$) e $I_{mínb}$ a interferência mínima na temperatura b.

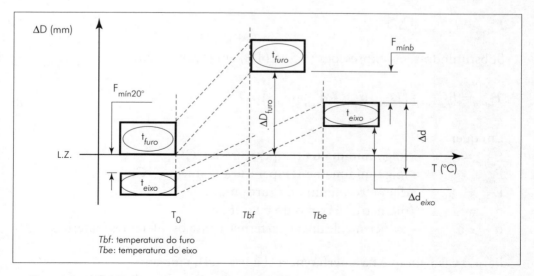

Figura 4.3: Influência da temperatura em um ajuste com folga.

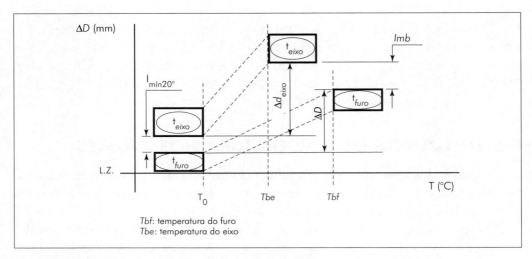

Figura 4.4: Influência da temperatura em um ajuste com interferência.

Para o caso em que há folga (Figura 4.3), tem-se:

$$\Delta D = D_{mín} \cdot \alpha_{furo} \cdot \Delta T \tag{4.5}$$
$$\Delta d = d_{máx} \cdot \alpha_{eixo} \cdot \Delta T \tag{4.6}$$

Supondo-se dois materiais diferentes em que $\alpha_{furo} > \alpha_{eixo}$, tem-se para a folga mínima na temperatura b:

$$F_{mín,b} = F_{mín,20°} + \Delta D - \Delta d \tag{4.7}$$

Substituindo-se as expressões (4.5) e (4.6) em (4.7), obtém-se:

$$F_{mín,b} = F_{mín,20°} + \left(D_{mín} \cdot \alpha_{furo} - d_{máx} \cdot \alpha_{eixo}\right) \cdot \Delta T \tag{4.8}$$

Em que:
$F_{mín,b}$ = folga mínima na temperatura b (°C);
$F_{mín,20°}$ = folga mínima na temperatura ambiente (°C);
$D_{mín}$ = diâmetro mínimo do furo (mm);
$d_{máx}$ = diâmetro máximo do eixo (mm);
α_{furo} e α_{eixo} = coeficiente de dilatação térmica para os diferentes materiais (°C^{-1}).

Para o caso em que há interferência (Figura 4.4), tem-se:

$$\Delta D = D_{máx} \cdot \alpha_{furo} \cdot \Delta T \tag{4.9}$$

Sistemas de Ajustes

$$\Delta d = d_{mín} \cdot \alpha_{eixo} \cdot \Delta T \tag{4.10}$$

e

$I_{mín,b} = I_{mín,20°} - \Delta d + \Delta D$, ou seja,

$$I_{mín,b} = I_{mín,20°} - \left(d_{mín} \cdot \alpha_{furo} - D_{máx} \cdot \alpha_{eixo}\right) \cdot \Delta T \tag{4.11}$$

em que $I_{mín,b}$ é a interferência mínima na temperatura b.

A montagem de ajustes com interferências leves pode ser feita, na maioria das vezes, com o auxílio de uma prensa. Para a montagem de ajustes com interferências maiores, aquece-se o furo, por exemplo, a uma temperatura t_b, em que seja assegurada uma folga mínima para permitir a montagem (Figura 4.5). Desta figura, tem-se também que:

$F_{mín,b} + I_{máx,20°C} - \Delta D = 0$
$F_{mín,b} = D_{mín} \cdot \alpha_{furo} \cdot \Delta T_{furo} - I_{máx,20°C}$

Portanto,

$$\Delta T_{furo} = \frac{F_{mín,b} + I_{máx,20°C}}{D_{mín} \cdot \alpha_{furo}} \tag{4.12}$$

e a temperatura em que o furo deve ser aquecido para garantir uma folga mínima será de:

$$T_{b,furo} = T_{amb} + \Delta T_{furo} \tag{4.13}$$

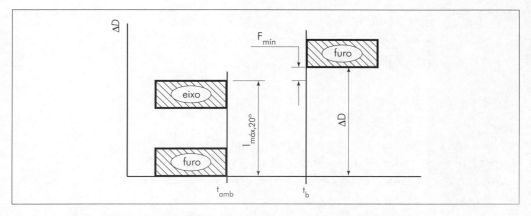

Figura 4.5: Expansão do furo em conjuntos com interferência, para permitir a montagem.

4.6.1 Exemplo

1) Um motor de combustão deve ter entre o pistão de alumínio com $\alpha_{eixo} = 25 \cdot 10^{-6}\,°C^{-1}$ e um cilindro de ferro fundido com $\alpha_{furo} = 10,4 \cdot 10^{-6}\,°C^{-1}$ e diâmetro nominal de $D = 45$ mm um ajuste 45H7/g6. A temperatura de trabalho é $T_{b,eixo} = T_{b,furo} = 90\,°C$, ou seja, a esta temperatura o ajuste deve ser 45 H7/g6. Com que ajustes as peças devem ser fabricadas? Ou seja, qual o ajuste na temperatura ambiente?

Resolução:

$$\begin{cases} 45H7 \rightarrow A_s = 25 \ \mu m; \ A_i = 0 \ \text{(Tabela A.4.1)} \\ 45g6 \rightarrow a_s = -9 \ \mu m; \ a_i = -25 \ \mu m \ \text{(Tabela A.4.2)} \end{cases}$$

$$t_{aj} = t_{eixo} + t_{furo} = (-9 + 25) + 25 = 16 + 25 = 41 \ \mu m$$

a folga mínima que deve existir à 90°C é:

$$F_{mín} = A_i - a_s = 0 - (-9) = 9 \ \mu m$$

a folga mínima à 20° será:

$$F_{mín,20°} = F_{mín,b} - \left(D_{mín} \cdot \alpha_{furo} - d_{máx} \cdot \alpha_{eixo} \right) \cdot \Delta T$$

$$F_{mín,20°} = 9 \cdot 10^{-3} - \left(45 \cdot 10,4 \cdot 10^{-6} - 44,991 \cdot 25 \cdot 10^{-6} \right) \cdot 70$$

$$F_{mín,20°} = 9 \cdot 10^{-3} - \left(0,468 \cdot 10^{-3} - 1,12 \cdot 10^{-3} \right) \cdot 70$$

$$F_{mín,20°} = 9 \cdot 10^{-3} + 45,974 \cdot 10^{-3} = 54,97 \ \mu m$$

$$\Delta D = 45.000 \cdot 10,4 \cdot 10^{-6} \cdot 70 = 32,76 \ \mu m$$

$$\Delta d = 44.991 \cdot 25 \cdot 10^{-6} \cdot 70 = 78,73 \ \mu m$$

Uma vez que o eixo se expandirá mais que o furo à 90°C, a folga mínima na temperatura ambiente deve ser maior, como calculado.
Deslocando-se a Linha Zero de L.Z. para L'.Z'. (Figura 4.6) de forma a ter um furo-base, à temperatura ambiente, ter-se-á:

Sistemas de Ajustes

$$A_{i_{t,amb}} = 0$$

Como a $F_{mín} = A_i - a_s \Rightarrow a_s = -55$ µm, considerando-se que a tolerância não se altera, tem-se:

$$t_{eixo} = a_s - a_i$$
$$16 = -55 - a_i \Rightarrow a_i = -71 \text{ µm}$$

portanto, tem-se, como solução a 20°C:

Furo: 45 H7

Eixo: 45_{-71}^{-55} (aproximadamente e7)

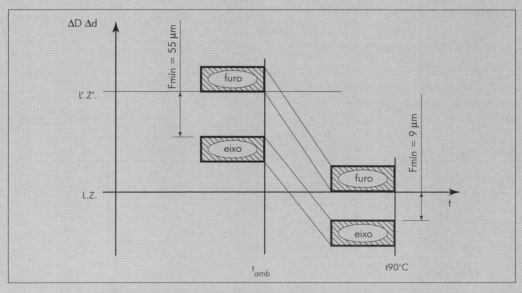

Figura 4.6: Deslocamento da linha zero de L.Z. para L'.Z'.

A temperatura crítica que a $F_{mín} = 0$, será:

$$\Delta T = \frac{-F_{mín, 20°C}}{D_{mín} \cdot \alpha_{furo} - d_{máx} \cdot \alpha_{eixo}}$$

$$\Delta T = \frac{-55 \cdot 10^{-3}}{45 \cdot 10,4 \cdot 10^{-6} - 44,945 \cdot 25 \cdot 10^{-6}}$$

$$\Delta T = 87,9° \quad \therefore \quad T_{crit} = T_{amb} = 87,9 = 107,9°C$$

ou seja, para este ajuste, na temperatura ambiente a folga mínima será de 55 µm, a 90°C será de 9 µm e a 107,9 °C será zero.

2) Em um cilindro de aço com diâmetro d = 300 mm ($\alpha_{eixo} = 11,5 \cdot 10^{-6}$ °C^{-1}) deve ser acoplado um anel de latão ($\alpha_{furo} = 19 \cdot 10^{-6}$ °C^{-1}) (D = 300 mm) com uma interferência de 300 H7r6. Determinar a temperatura crítica em que $I_{mín,b} = F_{máx} = 0$.

Resolução:

300 H7 (diâmetro do anel de latão) (Tabela A.4.1):

$$\begin{cases} A_s = 52 \ \mu m \\ A_i = 0 \end{cases}$$

300 r6 (diâmetro do eixo de aço) (Tabela A.4.2):

$$\begin{cases} a_s = 130 \ \mu m \\ a_i = 98 \ \mu m \end{cases}$$

na temperatura ambiente tem-se:

$$I_{máx} = 130 \ \mu m; \ I_{mín} = 46 \ \mu m$$

a interferência mínima é dada por:

$$I_{mín,20°C} = I_{mín,b} - \Delta d + \Delta D$$

$$I_{mín,20°C} = I_{mín,b} - \left(d_{mín} \cdot \alpha_{eixo} - D_{máx} \cdot \alpha_{furo} \right) \cdot \Delta T$$

Sistemas de Ajustes

$$\begin{cases} \Delta d = d_{mín} \cdot \alpha_{eixo} \cdot \Delta T \\ \Delta D = D_{máx} \cdot \alpha_{furo} \cdot \Delta T \end{cases}$$

$$\begin{cases} \Delta d = 300,098 \cdot 11,5 \cdot 10^{-6} \cdot \Delta T \\ \Delta D = 300,00 \cdot 19 \cdot 10^{-6} \cdot \Delta T \end{cases}$$

quando $I_{mín} = 0$, tem-se:

$$\Delta T = \frac{I_{mín,20°}}{300 \cdot 19 \cdot 10^{-6} - 300,098 \cdot 11,5 \cdot 10^{-6}} = \frac{46 \cdot 10^{-3}}{5.700 \cdot 10^{-6} - 3.451 \cdot 10^{-6}} =$$

$$\Delta T = \frac{46 \cdot 10^{-3}}{2.244 \cdot 10^{-6}} = 20,4°C$$

Nesse caso, tanto o eixo de aço como o anel de latão se expandirão, todavia, o anel de latão se expandirá mais, pois $\alpha_{latão} > \alpha_{aço}$, o que gerará uma folga mínima igual a zero à 40,4 °C.

3) Um rolamento, com afastamentos do anel interno $A_s = 0$, $A_i = -15$ μm e D = 80 mm, deve ser acoplado a um eixo de motor elétrico. Como ambos (eixo e rolamento) são de aço, $\alpha_{furo} = \alpha_{eixo} = 11,5 \cdot 10^{-5}$ °C^{-1}. O eixo tem $a_s = 39$ μm e $a_i = 20$ μm (n6) e obtém-se uma $I_{máx} = 54$ μm e uma $I_{mín} = 20$ μm. Qual a temperatura para se aquecer o rolamento para a montagem, com uma $F_{mín} = 15$ μm?

Resolução:

$$\Delta T_{furo} = \frac{I_{máx} + F_{mín}}{D_{mín} \cdot \alpha_{furo}}$$

$$\Delta T_{furo} = \frac{(54 + 15) \cdot 10^{-3}}{79,985 \cdot 11,5 \cdot 10^{-6}} = 75 \ °C$$

$$T_{furo} = T_{amb} + \Delta T_{furo} = 20 + 75 = 95 \ °C$$

4.7 RECOMENDAÇÕES PRÁTICAS PARA A ESCOLHA DE UM AJUSTE

A escolha de um sistema de ajuste (*furo-base* ou *eixo-base*) para um determinado acoplamento é feito levando-se em conta a facilidade de fabricação dos componentes. No sistema *furo-base*, os eixos serão maiores ou menores do que os furos, de acordo com o ajuste desejado. No sistema *eixo-base*, os furos serão usinados com dimensões maiores ou menores do que os eixos, de acordo com o ajuste necessário.

Normalmente é mais fácil para a fabricação, variar-se medidas de eixos do que de furos, portanto, em princípio deve-se tentar usar o sistema *furo-base*, e, sendo mais difícil a fabricação de um furo do que a de um eixo sugere-se sempre escolher para o furo um grau de tolerância maior do que a do eixo, como por exemplo, H8/g7.

As Figuras 4.7 e 4.8 ilustram bem a aplicação de um ou outro sistema. No caso da Figura 4.7, o anel *a* deve ter um ajuste com folga e o anel *b* um ajuste com interferência. Neste caso, o sistema a ser usado deve ser o sistema *eixo-base*, do contrário, a peça *a* teria dificuldades de ser encaixada.

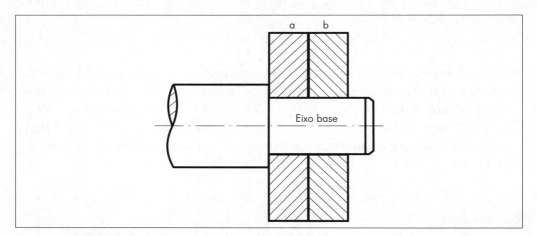

Figura 4.7: Acoplamento com sistema eixo-base.

No caso da Figura 4.8, em que a peça *a* deve ter um ajuste com interferência e a peça *b* um ajuste com folga, o sistema a ser usado deve ser o sistema *furo-base*, no qual a variação da tolerância é dada pelo eixo, pois do contrário, a peça *a* ao ser encaixada danificaria toda a superfície onde se encaixaria a peça *b*.

Sistemas de Ajustes

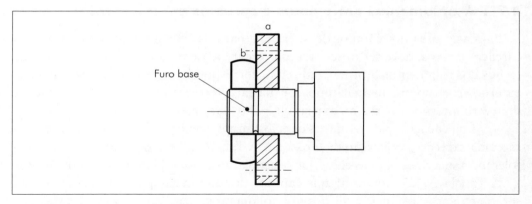

Figura 4.8: Acoplamento com sistema furo-base.

AJUSTES COM INTERFERÊNCIA: Os ajustes com interferência são utilizados, quando, por exemplo, a transmissão do movimento deve ser assegurada, mesmo que não se utilize chavetas. A montagem é feita sob pressão, ou aquecimento de uma das partes. A desmontagem ocorre com frequentes danos às peças. Como exemplo, tem-se: eixos de motores elétricos; anéis internos de rolamento; *elementos* de acoplamentos etc. Ajustes típicos de interferência são H7/s6 ou H7/r6. A Tabela A.4.3 apresenta outros ajustes com interferência mais usuais.

AJUSTE INCERTOS: Nos ajustes incertos, pode-se, dependendo das peças fabricadas, ter uma interferência ou uma folga. Para a montagem nestes ajustes, utilizam-se normalmente martelos de borracha ou prensas. São utilizados principalmente nas partes finais dos eixos. Típicos ajustes incertos são H7/n6, utilizados para se ter uma excelente centragem, tais como anéis internos de rolamento de esferas para pequenas cargas, anéis externos de rolamentos fixados em carcaças, bombas centrífugas etc. A Tabela A.4.3 apresenta os ajustes incertos mais usuais.

AJUSTES COM FOLGA: Os ajustes com folga são utilizados tanto em acoplamentos, nos quais não deve haver um movimento relativo entre as peças, como também em acoplamentos cujos componentes movimentam-se relativamente uns aos outros. Por exemplo, o ajuste H7/h6 deve ser empregado quando há exigência de boa centragem e há uma troca constante das peças (fresas montadas no suporte; engrenagens em caixas de mudanças). Peças que devem possuir pequenas folgas e são roscadas, soldadas ou rebitadas, utilizam frequentemente ajustes H11/h9 ou H11/h11.
Em mancais deslizantes (máquinas-ferramenta) utilizam-se geralmente H7/g6; G7/h6. Em componentes que trabalham em elevadas temperaturas (mancais em motores de combustão) utilizam-se normalmente ajustes H8/e8 ou E9/h9. A Tabela A.4.3 mostra os ajustes com folga mais usuais.

4.7.1 Acoplamentos entre eixos e carcaças em rolamentos

Para a escolha dos campos de tolerância para os acoplamentos de rolamentos, carcaças e eixos, deve ser observado que o campo de tolerância dos diâmetros internos dos rolamentos (normatizado) não corresponde ao campo H. Os diâmetros externos correspondem ao campo h. Uma característica dos rolamentos é que, no diâmetro interno $A_s = 0$ e no externo $a_s = 0$ (neste caso, o campo h).

As recomendações para os ajustes de eixos em anéis internos de rolamentos, portanto, são uma exceção à utilização de *furo-base*. A Tabela A.4.4 mostra alguns campos de tolerância sugeridos para os eixos que se acoplarão aos anéis internos dos rolamentos.

A Tabela A.4.5 mostra alguns campos de tolerâncias para as caixas em que serão acoplados os anéis externos dos rolamentos.

A Figura 4.9 mostra de uma maneira geral os campos recomendados para eixos e carcaças.

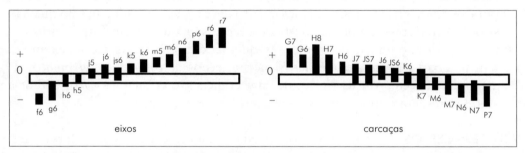

Figura 4.9: Campos recomendados para eixos e carcaças (em preto), tendo em vista que nos anéis internos dos rolamentos $A_s = 0$ e nos externos $a_s = 0$.

Se os rolamentos devem ser montados com interferência sobre um eixo oco (Figura 4.10), deve ser escolhido um ajuste com um grau de interferência, de sorte que:

$$Ci = \frac{di}{d} \tag{4.14}$$

$$Ce = \frac{d}{de} = \frac{d}{k*(D-d)+d} \tag{4.15}$$

onde:
Ci: relação de diâmetros do eixo oco;
Ce: relação de diâmetros do anel interno;
d: diâmetro externo do eixo oco (diâmetro interno do anel interno do rolamento);
di: diâmetro interno do eixo oco;

Sistemas de Ajustes

de: diâmetro externo do anel interno;
D: diâmetro externo do anel externo do rolamento;
k: ~0,3.

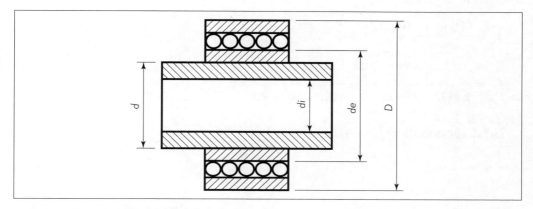

Figura 4.10: Rolamento montado sobre eixo oco.

Para determinar a interferência, parte-se da interferência média teórica entre o eixo e o furo do rolamento, tendo-se como base as recomendações para um eixo interiço. Para isso, utiliza-se o diagrama mostrado na Figura 4.11 para determinar a tolerância.

I_{moco} = interferência média obtida no gráfico, referente ao eixo oco;
I_m = média dos afastamentos do diâmetro do eixo menor menos a média dos afastamentos do furo do rolamento supondo um eixo maciço.

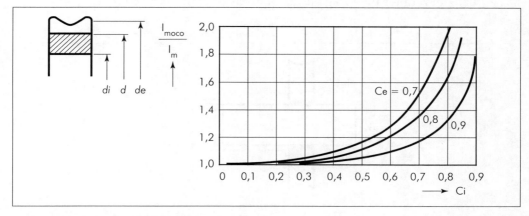

Figura 4.11: Diagrama de tolerâncias.

4.7.2 Exemplo

Um rolamento de $D = 80$ mm e $d = 40$ mm ($A_s = 0$; $A_i = -12$ μm), em que $C_i = 0,8$ e a recomendação é de k6 ($a_s = 18$ μm; $a_i = 2$ μm) para o eixo maciço. A interferência média será:

$$I_m = \frac{(18+2)}{2} - \frac{(0-12)}{2} = 16 \text{ μm}$$

$$C_e = \frac{d}{k*(D-d)+d} = \frac{40}{0,3*(80-40)+40} = 0,77$$

Do diagrama da Figura 4.12, obtém-se para $Ce = 0,77$:

$$\frac{I_{moco}}{I_m} = 1,65$$

$$I_{moco} = 1,65 \cdot 16 = 25 \text{ μm}$$

Por tentativa nota-se que o campo de tolerância m6 proporciona uma interferência média da ordem de 23 μm e, portanto, selecionada para o eixo oco $\left(40m6 = 40^{+0,025}_{-0,009}\right)$

$$I_m = \frac{25+9}{2} - \frac{(0-12)}{2} = 23 \text{ μm}$$

4.8 EXEMPLOS GERAIS

1) No conjunto a seguir, conforme indicado pelas Figuras 4.12 e 4.13, uma bucha de bronze deve ser colocada entre o eixo e o anel, sendo que o eixo que será encaixado na bucha deverá ter uma folga leve. Quais as tolerâncias a serem usadas?

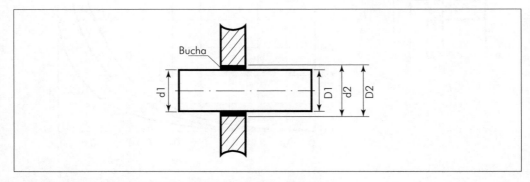

Figura 4.12: Acoplamento de bucha de bronze entre eixo e anel.

Sistemas de Ajustes

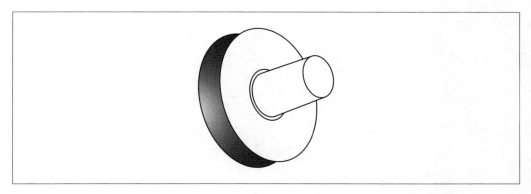

Figura 4.13: Acoplamento.

Resolução:

Sugere-se em casos semelhantes a esses adotarem-se os seguintes ajustes:
- Para o eixo d_1: tolerância h8.
- Para o diâmetro D_1 da bucha: tolerância H9.

Portanto, ter-se-á entre d_1 e D_1 um ajuste com folga leve, no qual o eixo deslizará sobre a bucha:
- Para o diâmetro do anel D_2: tolerância H7.
- Para o diâmetro externo da bucha: tolerância r6.

Portanto, ajuste com interferência, evitando que a bucha deslize no anel.

2) Qual o sistema de ajustes a ser utilizado no conjunto ilustrado nas Figuras 4.14 e 4.15?

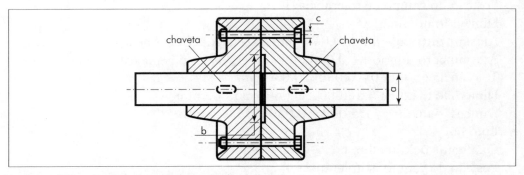

Figura 4.14: Acoplamento envolvendo união chavetada.

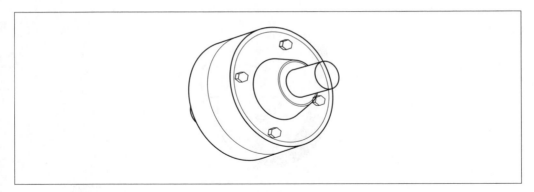

Figura 4.15: Acoplamento.

Resolução:

a) H7k6 – ajuste incerto, em razão da grande precisão necessária para localização, além da necessidade de minimizar a folga entre as peças, a fim de não sobrecarregar o ajuste da chaveta com cargas alternativas e choques.
b) e c) H7j6 – ajuste incerto, em razão da precisão necessária e a impossibilidade de haver folga excessiva entre pino e furo que poderia provocar o seu cisalhamento.

3) Estudar o seguinte ajuste: 55 F7/h6.

Resolução:

- Furo F7
  Qualidade de trabalho: 7
  Posição do campo de tolerância: F
  Dimensão nominal: 55
  Afastamento superior: + 0,060 mm (Tabela A.4.1 do Anexo)
  Afastamento inferior: + 0,030 mm (Tabela A.4.1 do Anexo)
  Tolerância t = 0,060 – 0,030 = 0,030 mm
  Dimensão máxima = 55,000 + 0,060 = 55,060 mm
  Dimensão mínima = 55,000 + 0,030 = 55,030 mm
- Eixo h6
  Qualidade de trabalho: h6
  Posição do campo de tolerância: h

Afastamento superior: + 0,000 (Tabela A.4.2 do Anexo)
Afastamento inferior: – 0,019 mm (Tabela A.4.2 do Anexo)
Tolerância: 0,000 – (–0,019) = 0,019 mm
Dimensão máxima: 55,000 + 0,000 = 55,000 mm
Dimensão mínima: 55,000 – 0,019 = 54,981 mm

Como o afastamento superior do eixo é menor do que o afastamento inferior do furo, o ajuste 55F7/h6 é um ajuste com folga.

$$F_{máx} = 55,060 - 54,981 = 0,079 \text{ mm}$$
$$F_{mín} = 55,030 - 55,000 = 0,030 \text{ mm}$$

5

CAPÍTULO

CALIBRADORES

5.1 INTRODUÇÃO

Os calibradores são classificados em três tipos:
- calibradores de fabricação, usados na verificação das peças produzidas;
- calibradores de referência ou contracalibradores, usados no controle dos calibradores de fabricação;
- blocos-padrão, usados para verificar e aferir instrumentos de medição por leitura.

Após a fabricação de peças com os afastamentos indicados, torna-se necessário controlá-las de forma rápida e eficiente para evitar o refugo do lote completo de peças. Uma das maneiras mais rápidas de efetuar esse controle é feita pelo uso de *calibradores de fabricação*, que são os tipos de calibradores que serão tratados neste capítulo. *Calibradores de fabricação* são, portanto, dispositivos de controle das *dimensões limites* de tolerância de um determinado componente, sendo que, o lado da dimensão inferior para calibradores tampão e superior para calibradores anulares é chamado *lado-passa*, que é o lado do calibrador que deve penetrar no furo ou no eixo, enquanto que o lado da dimensão superior para tampão, inferior para anular, é chamado *lado-não-passa,* que é o lado do calibrador que não deve penetrar no furo ou no eixo (Figuras 5.1, 5.2, 5.3 e 5.4).

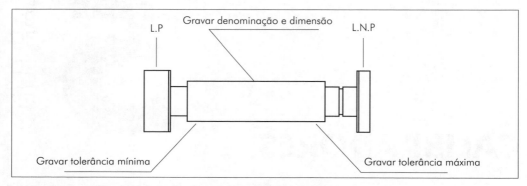

Figura 5.1: Calibradores do tipo tampão, usado no controle de furos.

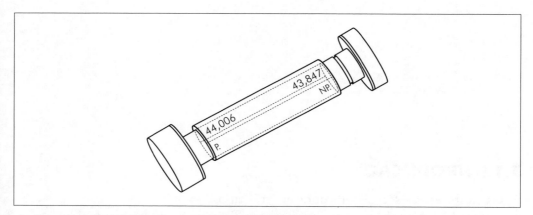

Figura 5.2: Calibradores do tipo tampão, usado no controle de furos.

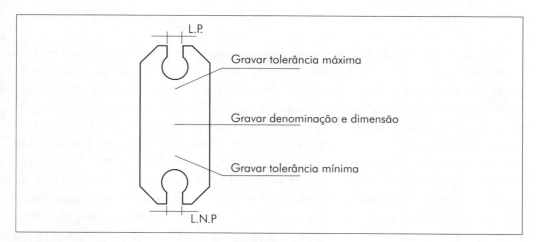

Figura 5.3: Calibradores do tipo anular, usado no controle de eixos.

Calibradores

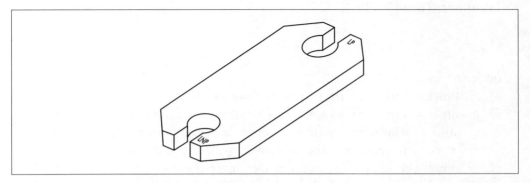

Figura 5.4: Calibradores do tipo anular, usado no controle de eixos.

5.2 CÁLCULO DE CALIBRADORES DE FABRICAÇÃO

A dimensão limite *passa* de um componente deve ser verificada com um calibrador, cujo *lado-passa* seja de comprimento igual ao comprimento de ajustagem da peça. A razão do maior comprimento do *lado-passa* é que assim o desgaste por atrito entre o calibrador e a peça se distribui melhor; certos calibradores possuem o lado-passa feito de metal duro, que apresenta uma resistência ao desgaste cerca de 300 vezes maior do que os calibradores de aço temperado. Todavia, quando é conhecido ou permitido supor que com o processo de fabricação utilizado, o *erro de retitude* (ver Capítulo 7) do furo ou do eixo não afeta a característica de ajuste das peças acopladas, é permitido o uso de calibradores de comprimento incompleto.

A dimensão limite *não-passa* deve ser verificada com um calibrador, cujo lado-não-passa apalpe a superfície da peça em dois pontos diametralmente opostos.

Somente é admitido que os calibradores de fabricação sofram desgaste no lado-passa, dentro dos limites indicados a seguir.

5.2.1 Calibradores para dimensões internas até 180 mm (calibradores tampão)

Para os calibradores de fabricação com as características anteriores, são válidas as seguintes expressões:

- *Lado-não-passa* (LNP):

$$D_{máx} \pm H/2 \tag{5.1}$$

- *Lado-passa novo* (LPN):

$$D_{mín} + z \pm H/2 \tag{5.2}$$

- *Lado-passa usado* (LPU):

$$D_{mín} - y \qquad (5.3)$$

onde:

$D_{máx}$: dimensão máxima do furo a ser controlado, dada em milímetros;
$D_{mín}$: dimensão mínima do furo a ser controlado, dada em milímetros;
z: valor tabelado em milímetros, a ser acrescentado na dimensão do calibrador, em relação à dimensão mínima do furo da peça;
H: tolerância de fabricação do calibrador, em milímetros;
y: tolerância de desgaste do calibrador, dada em milímetros.

Os valores de $H/2$, z e y são tabelados, e os valores são dados em micra (Tabela A.5.1 do Anexo).

5.2.2 Calibradores para medidas internas acima de 180 mm (calibradores tampão)

São válidas as expressões:

- *Lado-não-passa* (LNP):

$$D_{máx} - a \pm H/2 \qquad (5.4)$$

- *Lado-passa novo* (LPN):

$$D_{mín} + z \pm H/2 \qquad (5.5)$$

- *Lado-passa usado* (LPU):

$$D_{mín} - y + a \qquad (5.6)$$

onde:

$D_{máx}$: dimensão máxima do furo a ser controlado, dada em milímetros;
$D_{mín}$: dimensão mínima do furo a ser controlado, dada em milímetros;
z: valor tabelado em milímetros, a ser acrescentado na dimensão do calibrador, em relação à dimensão mínima do furo da peça;
H: tolerância de fabricação do calibrador, em milímetros;
y: tolerância de desgaste do calibrador, dada em milímetros;
a: valor tabelado, em milímetros.

Os valores $H/2$, z, y e a se encontram na Tabela A.5.1 do Anexo.

Calibradores

5.2.3 Calibradores para medidas externas até 180 mm (calibradores anulares)

São válidas as expressões:

- *Lado-não-passa* (LNP):

$$d_{mín} \pm H_1/2 \tag{5.7}$$

- *Lado-passa novo* (LPN):

$$d_{máx} - z_1 \pm H_1/2 \tag{5.8}$$

- *Lado-passa usado* (LPU):

$$d_{máx} + y_1 \tag{5.9}$$

onde:
$d_{máx}$: dimensão máxima do eixo a ser controlado, dada em milímetros;
$d_{mín}$: dimensão mínima do eixo a ser controlado, dada em milímetros;
z_1: valor tabelado em milímetros, a ser subtraído na dimensão do calibrador, em relação à dimensão máxima do eixo;
H_1: tolerância de fabricação do calibrador, em milímetros;
y_1: tolerância de desgaste do calibrador, dada em milímetros.

Os valores $H_1/2$, z_1 e y_1 se encontram na Tabela A.5.2 do Anexo.

5.2.4 Calibradores para medidas externas acima de 180 mm (calibradores anulares)

São válidas as expressões:

- *Lado-não-passa* (LNP):

$$d_{mín} + a_1 \pm H_1/2 \tag{5.10}$$

- *Lado-passa novo* (LPN):

$$d_{máx} - z_1 \pm H_1/2 \tag{5.11}$$

78 Introdução à Engenharia de Fabricação Mecânica

- *Lado-passa usado* (LPU):

$$d_{máx} + y_1 - a_1 \qquad (5.12)$$

onde:

$d_{máx}$: dimensão máxima do eixo a ser controlado, dada em milímetros;
$d_{mín}$: dimensão mínima do eixo a ser controlado, dada em milímetros;
z_1: valor tabelado em milímetros, a ser subtraído na dimensão do calibrador, em relação à dimensão máxima do eixo;
H_1: tolerância de fabricação do calibrador, em milímetros;
y_1: tolerância de desgaste do calibrador, dada em milímetros;
a_1: tolerância de fabricação do lado-não-passa, dada em milímetros.

Os valores de $H_1/2, y_1$ e a_1 se encontram na Tabela A.5.2 do Anexo.

5.3 MARCAÇÃO DOS CALIBRADORES DE FABRICAÇÃO

Cada calibrador de fabricação pode apresentar as seguintes marcações, gravadas de modo indelével:

- a dimensão da peça expressa em milímetros, sem acrescentar "milímetros" ou "mm";
- o símbolo da tolerância;
- no lado-não-passa, o afastamento expresso em μm, sem acrescentar o símbolo, e uma marca visível de cor vermelha (Figuras 5.1.e 5.2);
- no lado-passa, o afastamento expresso em μm, sem o símbolo correspondente.

5.3.1 Exemplos

1) Calcular os seguintes calibradores-tampão:
    a) 11,700 H10
    b) 11,200 C10

Resolução:

a) 11,700 H10
   Como se trata de calibrador para controlar a dimensão interna, as expressões a serem usadas são as expressões (5.1), (5.2) e (5.3). Deve ser utilizada a Tabela A.5.1. De acordo com ela, para a dimensão 11,700 H10, encontram-se os valores:

Calibradores

$t = 70$ μm
$H/2 = 1,5$ μm
$y = 0$
$z = 8$ μm

Como a dimensão tem a posição do campo de tolerância na letra H, o afastamento inferior A_i será zero, portanto o afastamento superior A_s será igual à t. Assim, tem-se para as dimensões máxima e mínima do furo a ser controlado:

$D_{máx} = 11,770$ mm
$D_{mín} = 11,700$ mm,

Utilizando-se as expressões (5.1), (5.2) e (5.3), chega-se aos valores do calibrador (Figura 5.5):

$LNP = 11,770^{\pm 0,0015}$ mm
$LPN = 11,708^{\pm 0,0015}$ mm
$LPU = 11,700$ mm

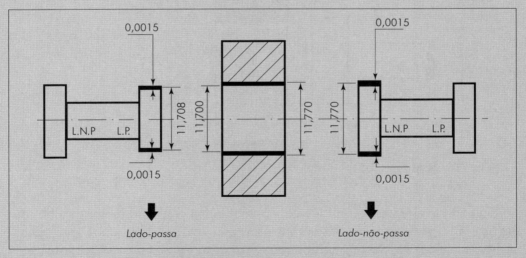

Figura 5.5: Esquema do calibrador 11,700 H10.

Assim, tem-se para o *lado-não-passa* (Figura 5.6):

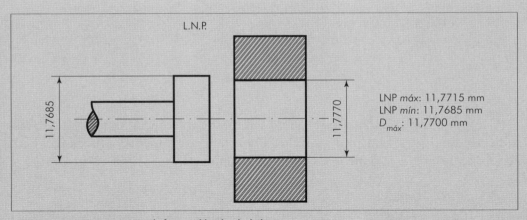

Figura 5.6: Representação do furo e calibrador do *lado-não-passa*.

Ou seja, se o furo estiver na dimensão máxima (11,770 mm) e o LNP do calibrador estiver em sua dimensão mínima (11,7685 mm), o calibrador rejeitará peças aceitáveis. Por outro lado, para o lado-passa, tem-se (Figura 5.7):

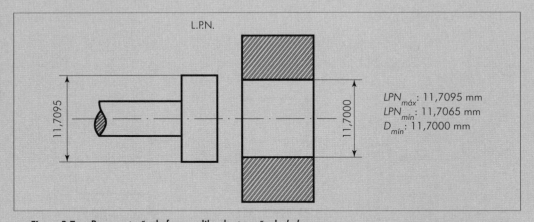

Figura 5.7: Representação do furo e calibrador tampão do *lado-passa*.

Ou seja, se o furo estiver na sua dimensão mínima (11,7000 mm) e o calibrador em seu lado-passa estiver em sua dimensão máxima (11,7095 mm), este rejeitará peças aceitáveis. Nesse sentido, ao controlar as peças com calibradores seria adequado, neste caso, que as peças fabricadas estivessem dentro dos limites $D_{máx}$: 11,7685 e $D_{mín}$: 11,7095 mm, (59 μm de tolerância, o que representará cerca de 84% dos 70 μm da tolerância inicial da peça).

Calibradores

81

Pode-se, portanto, estabelecer como regra que os furos que serão controlados por calibradores tampão deverão ter ajustados as suas dimensões, de sorte que fiquem entre a dimensão mínima do LNP e a máxima do LPN do calibrador, ou seja: $D_{máx}$:$LNP_{mín}$ e $D_{mín}$:$LPN_{máx}$

b) 11,200C10

De maneira análoga à anterior tem-se, de acordo com a Tabela A.5.1:

$t = 70$ μm

$H/2 = 1,5$ μm

$y = 0$

$z = 8$ μm

Para os valores dos afastamentos superior e inferior da dimensão 11,200C10, utiliza-se a Tabela A.4.1. De acordo com esta Tabela, tem-se:

$A_s = 165$ μm

$A_i = 95$ μm

Portanto, as dimensões máxima e mínima do furo serão 11,365 e 11,295 mm, respectivamente. De posse desses valores e analogamente ao caso anterior, utilizando-se as expressões (5.1), (5.2) e (5.3), tem-se:

$LNP = 11,365^{\pm0,0015}$ mm

$LPN = 11,303^{\pm0,0015}$ mm

$LPU = 11,295$ mm

Neste caso, semelhante ao caso anterior, o ideal seria que os furos fossem fabricados dentro das dimensões $D_{máx} = LNP_{mín} = 11,3635$ e $D_{mín} = LPN_{máx} = 11,3045$ (t = 59 μm em relação aos 70 μm ~ 84%).

2) Calcular os seguintes calibradores-anular
   a) 34,200 h11
   b) 34,200 h12

Resolução:

a) 34,200 h11

Como se trata de calibrador para controlar dimensões externas, deve ser utilizada a Tabela A.5.2, e as expressões (5.7), (5.8) e (5.9). De acordo com a tabela indicada, para a dimensão 34,200 h11, encontram-se os seguintes valores:

$t = 160$ μm

$H_1/2 = 5,5$ μm

$y_1 = 0$

$z_1 = 22$ μm

Como a dimensão tem a posição do campo de tolerância na letra h, o afastamento superior a_s será zero, portanto, o afastamento inferior a_i será menor que zero e igual em valor absoluto à t. Assim, tem-se para as dimensões máxima e mínima:

$d_{máx} = 34,200$ mm

$d_{mín} = 34,040$ mm

Utilizando-se as expressões (5.7), (5.8) e (5.9), chega-se aos resultados (Figura 5.8):

$LNP = 34,040^{\pm 0,0055}$ mm

$LPN = 34,178^{\pm 0,0055}$ mm

$LPU = 34,200$ mm

Figura 5.8: Esquema do calibrador 34,200 h11.

Assim, tem-se para o lado-não-passa (Figura 5.9):

$LNP_{máx}$: 34,0455 mm
$LNP_{mín}$: 34,0345 mm
$d_{mín}$:   34,0400 mm

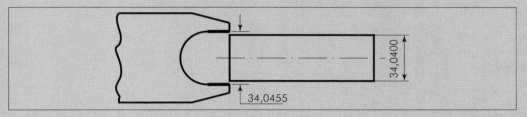

Figura 5.9: Representação do eixo e calibrador anular do *lado-não-passa*.

Ou seja, se o eixo estiver em sua dimensão mínima (34,040 mm) e o LNP do calibrador estiver em sua dimensão máxima (34,055 mm), o calibrador rejeitará peças aceitáveis. Por outro lado, para o *lado-passa* tem-se (Figura 5.10):

$LPN_{máx}$: 34,1835 mm
$LPN_{mín}$: 34,1725 mm
$d_{máx}$:   34,2000 mm

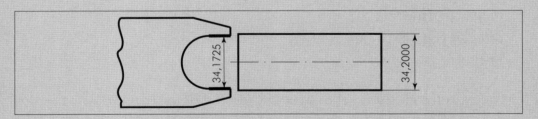

Figura 5.10: Representação do eixo e calibrador do *lado-passa*.

Ou seja, se o eixo estiver em sua dimensão máxima (34,200 mm) e o calibrador em seu *lado-passa* estiver em sua dimensão mínima (34,1725 mm), haverá rejeição de peças aceitáveis. No presente caso, os eixos devem estar dentro das dimensões $d_{máx} = LPN_{mín} = 34,1725$ e $d_{mín} = LNP_{máx} = 34,0455$, para que o calibrador seja usado a contento. Assim, a tolerância do furo passaria de 160 μm à 127 μm (~ 80% de 160 μm).

Pode-se, portanto, estabelecer como regra que os eixos que serão controlados por calibradores anulares, deverão ter ajustadas suas dimensões de sorte que, fiquem entre as dimensões máxima do *LNP* e mínima do *LPN* do calibrador, ou seja:

$$d_{máx} = LPN_{mín}; d_{mín} = LNP_{máx}$$

b) 34,200h12

De acordo com a Tabela A.5.2., tem-se os seguintes:

$t = 250 \ \mu m$

$H_1/2 = 5,5 \ \mu m$

$y_1 = 0$

$z_1 = 22 \ \mu m$

De maneira análoga ao caso anterior, tem-se para as dimensões máximas e mínimas do eixo:

$d_{máx} = 34,200$ mm

$d_{mín} = 33,950$ mm

Utilizando-se as expressões (5.7), (5.8) e (5.9), chega-se aos resultados:

$LNP = 33,950^{\pm 0,0055}$ mm

$LPN = 34,178^{\pm 0,0055}$ mm

$LPU = 34,200$ mm

Neste caso, o ideal seria que os eixos fossem fabricados dentro das dimensões $d_{máx} = LPN_{mín} = 34,1725$ mm e $d_{mín} = LNP_{máx} = 33,9555$ mm (t = 217 µm ~ 87% de 250 µm).

CAPÍTULO 6

TRANSFERÊNCIA DE COTAS E TOLERÂNCIA GERAL DE TRABALHO

6.1 TRANSFERÊNCIA DE COTAS

Normalmente, uma determinada peça apresenta uma série de cotas gerando o seguinte problema: determinação da cota total da peça e sua tolerância, tendo em vista as cotas parciais com as respectivas tolerâncias. Deste problema surgem três situações distintas:

a) Todas as cotas possuem tolerâncias e a tolerância da cota total é a soma dos valores absolutos da tolerância das cotas parciais (Figura 6.1).

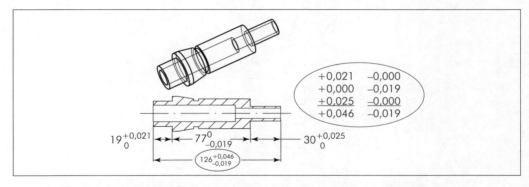

Figura 6.1: Determinação da tolerância total, no caso de todas as cotas parciais possuírem tolerâncias.

b) Uma parte das cotas parciais possui tolerância, a cota total possui tolerância e deseja-se determinar a tolerância da cota semitotal. Neste caso, as cotas sem tolerância permitem obter uma compensação das dimensões (esta cota pode ser colocada entre parênteses). Na Figura 6.2, deseja-se saber a tolerância da medida de 86 mm.

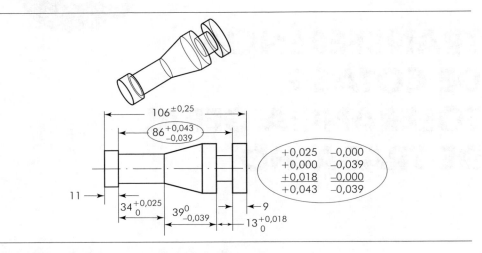

Figura 6.2: Determinação da tolerância da cota semitotal.

c) No caso em que a cota total, por razões de funcionamento tenha que ter uma tolerância bem definida, é oportuno deixar uma das cotas parciais (a de menor importância) sem tolerância para servir de compensação (Figura 6.3) (esta cota pode ser colocada entre parênteses).

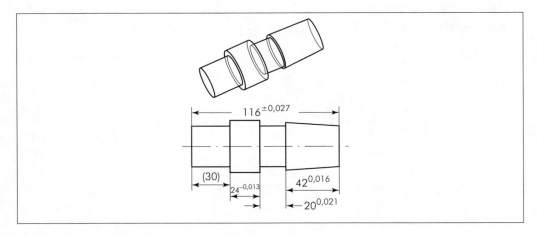

Figura 6.3: Cota parcial de 30 mm sem tolerância para compensação dos erros.

Neste caso da Figura 6.3, a cota de 30 mm fica sem tolerância para compensação. Pode ocorrer em um desenho, que a referência das cotas indicadas (referência de projeto) não tenha a mesma referência no momento da fabricação, tendo-se que adotar uma outra referência (referência de fabricação) e, ainda, uma outra referência no momento da medição (referência de medição). O ideal é que as três referências sejam sempre as mesmas. Este fato (referências diferentes) é indesejável, mas quando isso ocorre pode ser necessário calcular as tolerâncias das novas referências. Considere a Figura 6.4.

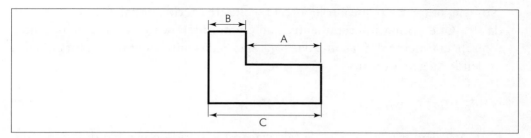

Figura 6.4: Mudanças de referência em um desenho.

- Caso 1:
Suponha que as cotas funcionais (de projeto) sejam A e B e se deseja saber o valor da cota C, resultante, obtida na fabricação por meio de A e B.
Neste caso, tem-se:

$$C = A + B \qquad (6.1)$$
$$C_{máx} = A_{máx} + B_{máx} \qquad (6.2)$$
$$C_{mín} = A_{mín} + B_{mín} \qquad (6.3)$$

Subtraindo-se (6.3) de (6.2), tem-se:

$$C_{máx} - C_{mín} = \left(A_{máx} - A_{mín}\right) + \left(B_{máx} - B_{mín}\right)$$

Ou seja:

$$t_C = t_A + t_B \qquad (6.4)$$

Supondo-se agora, que as cotas funcionais sejam A e C e deseja-se calcular como resultante a cota B, que é resultante do processo de fabricação e não é uma cota funcional.

$$B = C - A \tag{6.5}$$

$$B_{máx} = C_{máx} - A_{mín} \tag{6.6}$$

$$B_{mín} = C_{mín} - A_{máx} \tag{6.7}$$

Subtraindo-se (6.7) de (6.6), tem-se:

$$B_{máx} - B_{mín} = \left(C_{máx} - C_{mín}\right) + \left(A_{máx} - A_{mín}\right)$$

$$t_B = t_A + t_C \tag{6.8}$$

Nota-se, neste caso, que a tolerância resultante (obtida na fabricação por meio de A e C) e obtida indiretamente, que é uma diferença das outras e não uma tolerância funcional, é a soma das tolerâncias das outras cotas (das funcionais), podendo se generalizar.

$$t_A = t_B + t_C + t_D + \dots t_N \tag{6.9}$$

Portanto, sempre que a cota de fabricação for obtida por meio das cotas funcionais, se aplica a expressão anterior.

- Caso 2:

  Agora, supondo-se que as cotas funcionais sejam A e C (afetadas de tolerâncias que devem ser garantidas) e o processo de fabricação obrigue a utilizar a medida B, para por meio dela, se obter a cota funcional A. Neste caso, portanto, necessita-se determinar a dimensão B com suas tolerâncias, de tal sorte que o resultado da fabricação proporcione a dimensão A dentro dos seus limites. Sendo assim, o equacionamento tem de começar pela cota A (obtida indiretamente por meio de B) que é a que deve ser garantida, pois é a funcional. Assim, tem-se:

$$A_{máx} = C_{máx} - B_{mín} \tag{6.10}$$

$$A_{mín} = C_{mín} - B_{máx} \tag{6.11}$$

Isolando-se B, obtém-se:

$$B_{máx} = C_{mín} - A_{mín} \tag{6.12}$$

$$B_{mín} = C_{máx} - A_{máx} \tag{6.13}$$

Subtraindo-se (6.13) de (6.12), tem-se:

$$t_B = \left(C_{mín} - C_{máx}\right) + \left(A_{máx} - A_{mín}\right)$$

Ou seja,

$$t_B = t_A - t_C \qquad (6.14)$$

Para que esta expressão tenha sentido e que a tolerância de B seja sempre positiva, é necessário que a tolerância de A seja maior que a tolerância de C.
Vê-se neste caso, em que a cota funcional deve ser obtida indiretamente por meio de uma cota de fabricação, que a tolerância desta (de fabricação) é a diferença entre a cota funcional obtida indiretamente e a que permanece. Percebe-se em uma situação como esta, que os procedimentos são os seguintes:

a) Colocar as equações a partir da cota funcional que será obtida indiretamente (cota condição, no caso do exemplo, a cota A);
b) Verificar se a cota a ser obtida indiretamente é maior do que a que se conserva;
c) Se o item anterior (b) não for atendido, chega-se a uma situação indesejável em que, por problemas de referência na fabricação, a tolerância funcional da cota que se conserva (C, no exemplo) terá de ser alterada para um valor tal que permita que a diferença entre as tolerâncias das cotas seja positiva e, portanto, seja possível sua obtenção.

Do exposto se conclui que sempre que possível, o processo de fabricação deve ter como referências de obtenção as cotas funcionais, já que as calculadas serão sempre menores, podendo conduzir a um processo de fabricação tecnologicamente inviável.

6.1.1 Exemplos

1) Na Figura 6.5, as cotas funcionais são obtidas indiretamente pela cota de fabricação B, portanto, a cota que deve ser garantida é de C, sendo por ela que o equacionamento deve começar.

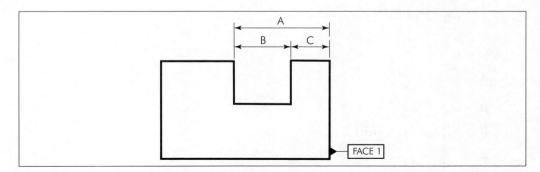

Figura 6.5: Cotas funcionais A e C e de fabricação B.

$A = 45^{0,2}$

$C = 15^{-0,1}$

$B = ?$

Situação 1:

Nessa situação, a cota funcional C se obtém por:

$C = A - B$

$$\begin{cases} C_{máx} = A_{máx} - B_{mín} \\ C_{mín} = A_{mín} - B_{máx} \end{cases}$$

Portanto, tal como exposto anteriormente:

$t_B = t_C - t_A$

$t_B = 0,1 - 0,2$

Assim, nessa situação, a cota funcional A, teria de ser aumentada, o que é indesejável, para que se obtenha uma cota de fabricação B positiva.

Situação 2:

Por outro lado, ao se considerar agora que a cota funcional diretamente afetada e obtida indiretamente pela cota de fabricação B seja a A, tem-se:

$A = B + C$

Logo, a solução será:

$t_A = t_B + t_C$ e $t_B = t_A - t_C$

$0,2 = t_B + 0,1$

$$\begin{cases} A_{máx} = C_{máx} + B_{máx} \\ A_{mín} = C_{mín} + B_{mín} \end{cases}$$

Assim:

$B_{máx} = A_{máx} - C_{máx}$

$B_{máx} = 45,2 - 15 = 30,2$

$B_{mim} = A_{mín} - C_{mín}$

$B_{mín} = 45 - 14,9 = 30,1$

Ou seja, a cota B seria de $30,1^{+0,1}$.

Nota-se, portanto, que a maneira como a peça é referenciada e qual a cota funcional que é afetada, influencia diretamente na obtenção da tolerância da cota de fabricação.

No presente caso, na Situação 1, a face 1 foi usinada inicialmente e a cota B é a responsável direta pela obtenção da cota C.

Na Situação 2, inicialmente se usina B, para posteriormente se obter o comprimento, usinando-se a face 1.

Analisando-se o resultado obtido, há de ser enfatizado que as dimensões a serem controladas são as dimensões A e C (funcionais). As possibilidades dos resultados extremos são para as dimensões B e C, nesta Situação 2.

a) 14,9 e 30,1 = 45
b) 14,9 e 30,2 = 45,1
c) 15 e 30,1 = 45,1
d) 15 e 30,2 = 45,2

Todavia, supondo-se que a medida obtida pela fabricação para B foi 30,3 e a medida C foi 14,9; pela tolerância calculada, a peça seria refugada pela medida B, entretanto a soma das duas resulta em 45,2, ou seja, as duas cotas funcionais são atendidas. Portanto, em uma situação como esta, embora tenha sido determinada a cota auxiliar B, as medidas a serem controladas para aceite ou refugo das peças são as funcionais (neste caso A e C) e não a cota calculada.

2) Seja a Figura 6.6:

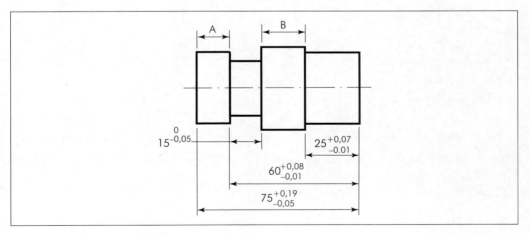

Figura 6.6: Cotas *A* e *B* de fabricação.

Determinar as tolerâncias e as cotas A e B (de fabricação).

Resolução:

A dimensão A, nesse caso, será a resultante, uma vez que a peça será fabricada por meio das cotas funcionais de 75 e 60. Portanto, tem-se:

$$A_{máx} = 75,19 - 59,99$$
$$A_{máx} = 15,20$$

$$A_{mín} = 74,95 - 60,08$$
$$A_{mín} = 14,87$$

Ou seja: $A = 15^{+0,20}_{-0,13}$.

(Observe que $t_A = t_{75} + t_{60}$ – expressão (6.4))

Percebe-se, que a tolerância da resultante é a soma das tolerâncias funcionais: Caso 1.

Se a dimensão B for obtida por meio das cotas funcionais, então a tolerância será a resultante da tolerância destas. Assim:

$$B_{máx} = 60,08 - 14,95 - 24,99$$
$$B_{máx} = 20,14 \text{ mm}$$

$$B_{mín} = 59,99 - 15 - 25,07$$
$$B_{mín} = 19,92 \text{ mm}$$

Ou seja: $B = 20^{+0,14}_{-0,08}$.

(Observe que $t_B = t_{60} + t_{15} + t_{25}$ – expressão (6.4))

Neste caso também, como a cota B não é funcional e sim a resultante das demais, a tolerância de B resulta com a soma das tolerâncias funcionais, ou seja, *tol* $B = 0,22$ mm; Caso 1.

6.2 TOLERÂNCIA GERAL DE TRABALHO EM CONJUNTOS MONTADOS

Considere a Figura 6.7 em que o jogo (folga) entre os componentes A e B seja preestabelecido e necessita-se saber as tolerâncias das cotas a (eixo peça A) e b (furo da peça B).

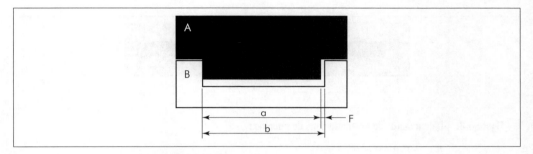

Figura 6.7: Conjunto com folga F predeterminada.

Supondo-se que $F = 0,1^{-0,06}$ e que a dimensão nominal é $a = b = 40$ mm, determinar as tolerâncias de a e b. Para isso, determina-se:

$t_F = t_a + t_b$
$0,06 = t_a + t_b$ (vide equação (4.1))

Adotando-se a mesma tolerância para a e b, ter-se-á 0,03 mm para cada cota. Utilizando-se o critério de furo-base, tem-se para b:

$b_{máx} = 40,03$ mm
$b_{mín} = 40,00$ mm

Assim:

$F_{máx} = b_{máx} - a_{mín}$
$F_{mín} = b_{mín} - a_{máx}$

Substituindo os valores, tem-se:

$0,1 = 40,03 - a_{mín}$ ∴ $a_{mín} = 39,93$ mm
$0,04 = 40,00 - a_{máx}$ ∴ $a_{máx} = 39,96$ mm

Portanto, tem-se para as dimensões a e b, os valores:

$a = 40^{-0,04}_{-0,07}$

$b = 40^{+0,03}$

Considere agora as Figuras 6.8, 6.9 e 6.10.

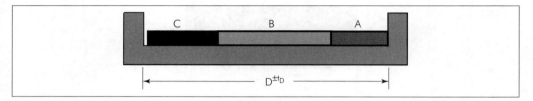

Figura 6.8: Determinação da tolerância geral de trabalho t_D.

A $= 75,0^{\pm 0,050}$

B $= 150^{\pm 0,100}$

C $= 100,0^{\pm 0,080}$

$D^{\pm t_D} = ?$

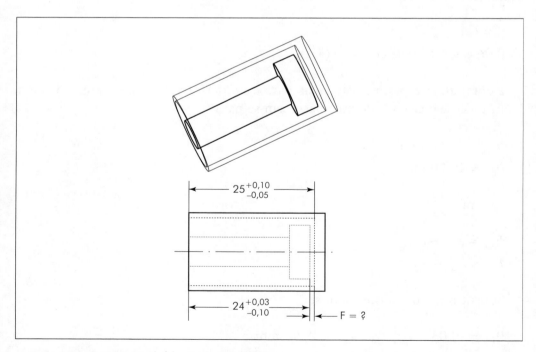

Figura 6.9: Determinação da folga F e de sua tolerância.

Transferência de Cotas e Tolerância Geral de Trabalho

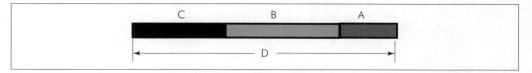

Figura 6.10: Determinação da dimensão D e sua tolerância.

Para a Figura 6.8, e dada a folga entre A, B, C e D o valor 1,0 mm, tem-se:

$D = A + B + C + F = 75 + 150 + 100 + 1 = 326$ mm

$t_D = t_A + t_B + t_C + t_F$

$t_D = 0{,}1 + 0{,}2 + 0{,}16 + 0$

$t_D = 0{,}46$ mm

Como a solução prevê uma tolerância bilateral igual, tem-se $D = 326{,}0^{\pm 0{,}23}$.
Para a Figura 6.9, a determinação do valor de F seria:

$F = 25 - 24 = 1$ mm

$t_F = t_{25} + t_{24} = 0{,}150 + 0{,}130 = 0{,}280$ mm

$F_{máx} = 25{,}100 - 23{,}900 = 0{,}200$ mm

$F_{mín} = 24{,}95 - 24{,}03 = 0{,}92$ mm

Ou seja, $F = 1^{+0{,}200}_{-0{,}08}$

Para a mesma figura, suponha agora que se deseja determinar a tolerância da cota parcial de 24 mm e que é desconhecida e sendo fornecida como prerrequisito a folga $F = 1^{+0{,}200}_{-0{,}08}$.

$t_F = t_{25} + t_{24}$

$0{,}280 = 0{,}150 + t_{24}$

$t_{24} = 0{,}130$ mm

$F_{máx} = 25_{máx} - 24_{mín}$

$1{,}2 = 25{,}1 - x \quad \therefore \quad x = 23{,}900$

$F_{mín} = 25_{mín} - 24_{máx}$

$0{,}92 = 24{,}95 - y \quad \therefore \quad y = 24{,}03$ mm

Ou seja, $24^{+0{,}03}_{-0{,}10}$.

Para a Figura 6.10, dado um conjunto de três componentes montados, cada um com uma tolerância, a tolerância de D, após a montagem, é dada por:

$t_D = t_A + t_B + t_C$

Ou seja:

$$t_D = \sum_{i=1}^{n} t_i \tag{6.15}$$

Das Figuras 6.7, 6.8, 6.9 e 6.10, deduz-se que a tolerância do elemento resultante em um conjunto montado é dada pela soma das tolerâncias das cotas parciais. Este método de determinação é denominado método da *Intercambiabilidade* Total, e prevê que todos os componentes de um sistema deverão ser montados, mesmo que estejam nos limites da tolerância. É aplicável em situações em que a capacidade do processo é baixa e o processo é instável.

Por outro lado, tal como ilustrado na Figura 6.7 ou mesmo na Figura 6.9 em que a tolerância da resultante é prefixada e deseja-se determinar as tolerâncias das cotas parciais, pode-se ter diversas combinações possíveis. Estas combinações podem estar atreladas ao processo de fabricação de cada um dos componentes. Em uma primeira aproximação, supõe-se que todas as cotas possíveis terão a mesma tolerância dada por:

$$t_{comp} = \frac{t_r}{n} \tag{6.16}$$

onde:

t_{comp}: tolerância para cada componente;
t_r: tolerância da resultante;
n: número de componentes.

Os afastamentos superior e inferior podem ser determinados pelas expressões:

$$a_{sr} = \sum_{i=1}^{n} a_{spi} - \sum_{i=1}^{n} a_{ini} \tag{6.17}$$

$$a_{ir} = \sum_{i=1}^{n} a_{ipi} - \sum_{i=1}^{n} a_{sni} \tag{6.18}$$

onde:

a_{spi}: afastamentos superiores das cotas, que, no equacionamento sejam positivas;
a_{ini}: afastamentos inferiores das cotas, que, no equacionamento sejam negativas.

No exemplo da Figura 6.7, tem-se:

$$R(F) = b - a$$

onde:
b: é a cota positiva;
a: é a cota negativa.

Para a Figura 6.8, a resultante é dada por:

$$D = A + B + C + F$$

onde:
D: é a cota resultante;
A, B, C e F: são as cotas positivas.

Na Figura 6.9, tem-se:

$$R(F) = 25 - 24 = 1 \text{ mm}$$

Nessa situação, a cota positiva é a de 25 mm e a negativa é a de 24 mm. Aplicando-se ao exemplo da Figura 6.9 as expressões (6.17) e (6.18), tem-se:

$$a_{sr} = 0,100 - (-0,100) = 0,200 \text{ mm}$$

$$a_{ir} = -0,05 - 0,030 = -0,080 \text{ mm}$$

Por outro lado, em processos em que se tem boa capacidade (CP ≥ 1,33; ver Capítulo 9) as distribuições das medidas das peças fabricadas seguem de maneira geral, uma distribuição normal (gaussiana). Assim, baseado nos princípios da lei de probabilidades, são poucas as chances de todas as cotas parciais terem simultaneamente valores extremos (Figura 6.11).

Se o processo de fabricação tem uma distribuição normal, em um volume de produção, quais as chances de que os três componentes mostrados na Figura 6.10 estejam localizados nos extremos da tolerância, se a distribuição for de três desvios padrão (para cada lado em torno da média; seis desvios padrão no total, o que significa que 99,73% das peças produzidas fiquem dentro das especificações).

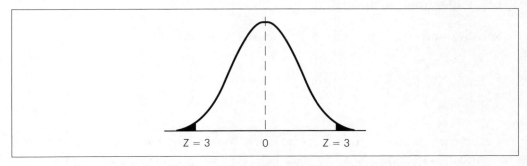

Figura 6.11: Distribuição com três desvios padrões para cada lado em torno da média.

A área total sob a curva normal vale 100% e, em um modelo de distribuição normalizada para $z = 6\,\sigma$ vale 99,74% (para 3 σ, vale 49,865%), e a probabilidade (desde que o processo seja estável e controlado) da peça A estar com a medida no valor extremo e acima dele é de (0,5 – 0,49865); da peça B (0,5 – 0,49865) e da peça C (0,5 – 0,49865). Assim, na montagem, a chance de selecionar três peças que estejam todas nos extremos ou acima da tolerância é de:

0,00135 × 0,00135 × 0,00135, que resulta em 0,000000246%

Dessa maneira, outro método para se determinar a tolerância total de um conjunto é o da *Intercambiabilidade* Parcial, em que haverá uma certa porcentagem de peças que poderão ser refugadas (0,27% das peças). Para uma mesma tolerância geral de trabalho (do conjunto montado), este método permite que as tolerâncias das cotas parciais (dos *componentes* individuais) sejam maiores do que no método da *intercambiabilidade* total.

Nesse método, a soma das variâncias das tolerâncias das cotas parciais é igual à variância da tolerância total.

$$\sigma_t^2 = \sum_{i=1}^{n} \sigma_i^2 \tag{6.19}$$

A distribuição de frequência das tolerâncias pode ser calculada por:

$$k = \frac{t}{\sigma} \tag{6.20}$$

Onde:

k: parâmetro que caracteriza a lei da distribuição teórica de frequência da tolerância. Pode-se adotar:

$k^2 = 3$ (distribuição retangular);

$k^2 = 6$ (distribuição triangular);

$k^2 = 9$ (distribuição normal).

Substituindo-se a expressão (6.19) na (6.20), obtém-se:

$$\left(\frac{t_t}{k_t} \right)^2 = \sum_{i=1}^{n} \left(\frac{t_i}{k_i} \right)^2 \tag{6.21}$$

Como em um processo de fabricação, os componentes da cadeia dimensional são fabricados geralmente com a mesma lei de variação da dispersão (via de regra Lei de Gauss), tem-se $k = k_1 = k_2 = k_3 \ldots = k_n$, assim:

Transferência de Cotas e Tolerância Geral de Trabalho

$$t_t = \sqrt{\sum_{i=1}^{n}\left(t_i\right)^2}$$

(6.22)

Para a determinação dos afastamentos superior e inferior da cota resultante, pode-se, por exemplo, adotar:

$$a_s = a_i = \pm\frac{t_t}{2}$$

(6.23)

Quando se tem a tolerância total do conjunto predeterminada, as tolerâncias das cotas parciais (consideradas todas iguais, em um primeiro momento), devem ser calculadas por:

$$t_{comp} = \frac{t_t}{\sqrt{n}}$$

(6.24)

Onde:

n: variável correspondente ao número de componentes e t_{comp} a tolerância do comprimento individual.

6.2.1 Exemplo

1) Aplicando-se o método da *intercambiabilidade* parcial ao caso da Figura 6.7, tem-se:

$$t_F^2 = t_a^2 + t_b^2$$

Aplicando-se a expressão (6.24), obtém-se a tolerância de cada componente:

$$t_a = t_b = \frac{0,06}{\sqrt{2}} \cong 0,04 \text{ mm}$$

e, nota-se, que, por esse método, as tolerâncias dos componentes individuais podem ser maiores (0,04 mm) do que no método da *intercambiabilidade* total (0,03)

Para a determinação de t_D da Figura 6.8, tem-se:

$$t_D^2 = t_A^2 + t_B^2 + t_C^2 + t_F^2$$

$$t_D^2 = \left(0,1\right)^2 + \left(0,2\right)^2 + \left(0,16\right)^2 + \left(0\right)^2$$

$$t_D = 0,275 \text{ mm},$$

ou seja, os componentes individuais poderiam ter tolerâncias maiores caso a tolerância total do conjunto pudesse ser da ordem de 0,46 mm. Para os valores dados, o valor resultou em 0,275 mm.

CAPÍTULO 7

TOLERÂNCIAS GEOMÉTRICAS

7.1 INTRODUÇÃO

Em situações que envolvem montagens, na maioria das vezes, apenas as *tolerâncias dimensionais* são insuficientes para se garantir um funcionamento adequado. Considere a Figura 7.1

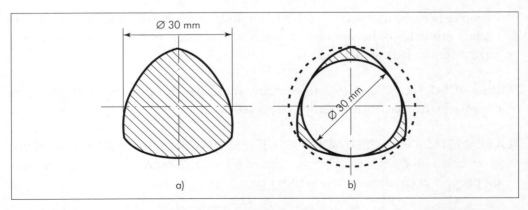

Figura 7.1: Componente com valor dimensional atendido (a), todavia, com desvio geométrico inadequado para montagem (b).

Percebe-se pela Figura 7.1a que um eixo (ovalizado, na Figura 7.1) medido com um sistema de medição, ou mesmo um calibrador, apresenta um valor dimensional de 30 mm, pois mede-se o diâmetro entre duas faces paralelas. Nota-se que tal componente não se encaixará em um furo com o mesmo valor nominal, Figura 7.1b, em razão do desvio da peça em relação a forma geométrica circular.

Assim, os desvios geométricos devem ser especificados e tolerados dentro de uma faixa admissível. Estes podem ser classificados em desvios de forma, orientação, localização, batimento e rugosidade, esta última considerada como desvio microgeométrico (Figura 7.2).

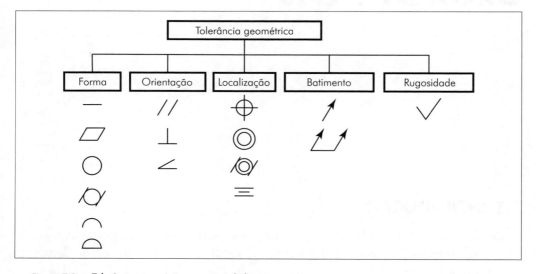

Figura 7.2: Tolerâncias geométricas e seus símbolos.

Como se percebe na Figura 7.2, há 16 símbolos para as tolerâncias geométricas dos quais um deles é destinado às tolerâncias microgeométricas, caracterizadas pela rugosidade. Dos demais tem-se:

TOLERÂNCIAS DE FORMA (6): Tolerâncias admitidas dos *elementos* geométricos em relação às suas formas geométricas teóricas;

TOLERÂNCIAS DE ORIENTAÇÃO (3): Tolerâncias permitidas de um *elemento* geométrico (linha, ponto, superfície etc.) em relação a outro *elemento* geométrico da própria peça, denominado referência;

TOLERÂNCIAS DE LOCALIZAÇÃO (4): Tolerâncias de deslocamentos possíveis de um *elemento* geométrico em relação à uma referência (da própria peça);

Tolerâncias Geométricas

TOLERÂNCIAS DE BATIMENTO (2): Correspondem às imprecisões de giro de um *elemento* de revolução e são tolerâncias que compreendem desvios compostos (em geral é o somatório de alguns desvios de forma e de orientação).

As explicações sobre cada uma destas tolerâncias serão vistas adiante, pois para uma melhor compreensão, alguns conceitos básicos devem ser vistos. Portanto, a seguir serão apresentados estes conceitos.

DIMENSÃO EFETIVA LOCAL: Qualquer distância individual em qualquer seção de um *elemento*, ou seja, qualquer tamanho medido entre dois *elementos* opostos (Figura 7.3). O ponto a ser destacado é que as superfícies ou *elementos* têm que ser opostos. *Elemento* é um termo geral designado para as porções físicas da peça, tais como uma superfície, um furo ou mesmo uma linha de centro (a linha de centro para fins de tolerância geométrica é considerada um *elemento*). Um *elemento* recebe a denominação *elemento dimensional* quando se refere à uma superfície cilíndrica ou esférica, ou quando se trata de um conjunto de dois *elementos* opostos (por exemplo, superfícies paralelas opostas) associados com uma dimensão. Exemplos de *elementos dimensionais*: diâmetro, conjuntos opostos de duas superfícies (Figura 7.4). Exemplos de *elementos*: linha de centro, superfície. Somente os *elementos dimensionais* podem apresentar o modificador Ⓜ, condição de máximo material.

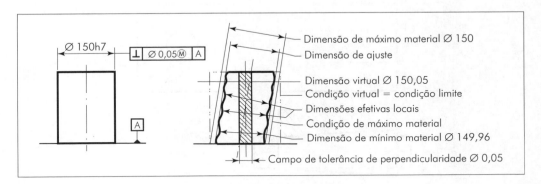

Figura 7.3: Dimensão de ajuste para um *elemento dimensional* externo.

DIMENSÃO DE AJUSTE PARA UM *ELEMENTO DIMENSIONAL* EXTERNO: Dimensão do menor *elemento* perfeito que pode ser circunscrito ao *elemento dimensional*, de maneira que só ele contate os pontos mais proeminentes, obtidos pela medição das dimensões efetivas locais (Figura 7.3).

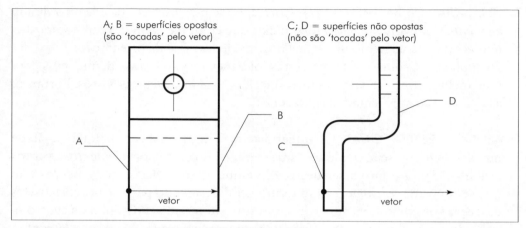

Figura 7.4: Caracterização de *elemento dimensional* (A; B).

DIMENSÃO DE AJUSTE PARA UM *ELEMENTO DIMENSIONAL* INTERNO: Dimensão do maior *elemento* perfeito que pode ser inserido ao *elemento dimensional* de maneira que só ele contate os pontos mais proeminentes, obtidos pela medição das dimensões efetivas locais (Figura 7.5).

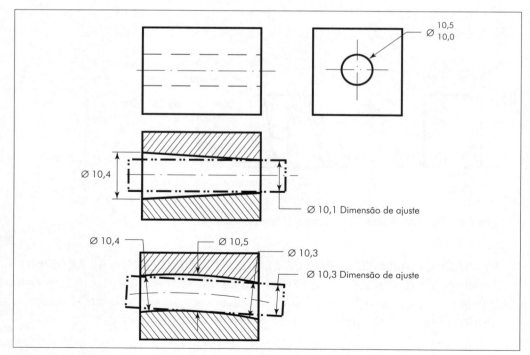

Figura 7.5: Dimensão de ajuste para um *elemento dimensional* interno.

Tolerâncias Geométricas

CONDIÇÃO DE MÁXIMO MATERIAL: É a condição na qual todos os pontos de um *elemento dimensional* estão na dimensão limite e contém a maior quantidade de material, ou seja, condição em que o *elemento dimensional* tem o maior peso. No caso de um eixo, quando ele estiver no seu máximo especificado (Figura 7.3), e, no caso de um furo, quando estiver em seu valor mínimo especificado. A condição de máximo material modifica a tolerância para peças intercambiáveis com folga. Assim, por exemplo, em furos de montagem com os parafusos de fixação, a folga mínima de montagem ocorrerá quando cada um dos *elementos dimensionais* estiver na condição de máximo material (ou seja, maior dimensão do parafuso, menor dimensão do furo) e quando seus erros geométricos (no caso, desvios de posição) estiverem em seus valores máximos especificados.

A condição de máximo material é indicada pelo símbolo Ⓜ.

Essa mesma condição tem maior aplicação em ajustes com folga e mais comumente aplicada em tolerâncias de posição.

A Figura 7.6 mostra uma chapa com quatro furos, na qual serão alojados quatro pinos.

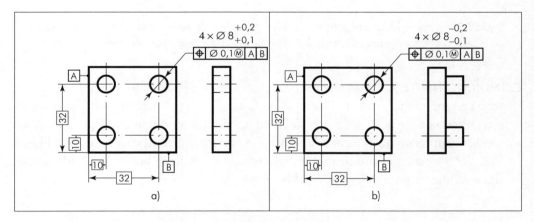

Figura 7.6: Exemplo de aplicação da condição de máximo material.

No exemplo da Figura 7.6, a dimensão de máximo material para os furos é de 8,1 mm e para os pinos 7,9 mm. Assim, a diferença entre as dimensões de máximo material é de 0,2 mm (8,1 mm – 7,9 mm). A soma das tolerâncias de posição, portanto, para os furos e pinos não deve exceder 0,2 mm, na condição de máximo material. Neste caso, a tolerância de posição foi igualmente distribuída entre os pinos e furos (0,1 mm para cada, como mostra a Figura 7.6). A Figura 7.7 mostra esquematicamente o pino (P) encaixando no furo (F) para as diversas condições. A pior situação (menor folga) ocorre em a) em que ambos (pino e furo) estão em suas condições de máximo material. A zona de tolerância de posição (T) é um cilindro que ocupa o espaço entre o eixo e o pino (T = F − P). Se o furo aumentar de F para F + ΔF, a condição de máximo material permitirá que a zona de tolerância de posição do furo possa ter T + ΔT (Figura 7.6b), portanto, um bônus de 0,1 mm para a tolerância de posição. Se ambos, pino e furo estiverem em suas dimensões de mínimo material, a zona de tolerância passará a ser T + ΔF + ΔP.

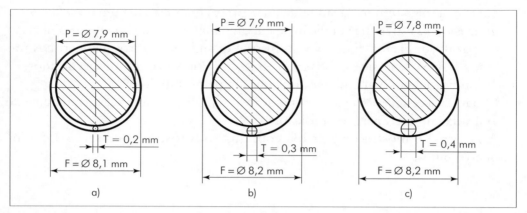

Figura 7.7: Zona de Tolerância T para: a) pino e furo na condição de máximo material; b) pino na condição de máximo e furo na condição de mínimo material; c) pino e furo na condição de mínimo material.

CONDIÇÃO LIMITE (C.L.): O termo condição limite se refere ao limite extremo que se torna a pior situação de um *elemento* para a montagem. Dependendo da situação, a condição limite pode ser a condição de máximo material, a condição virtual ou um limite interno ou externo. A Figura 7.3, se refere à condição virtual e a Figura 7.8, se refere à condição de máximo material. A condição limite é a condição que deve ser usada para cálculo de calibradores de fabricação.

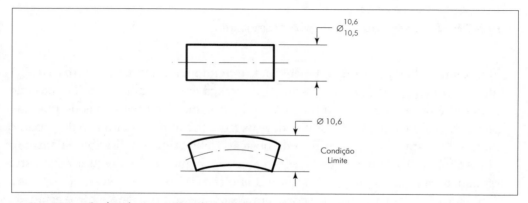

Figura 7.8: Condição limite representada pela dimensão máxima.

CONDIÇÃO VIRTUAL: É a condição limite, quando há a especificação da condição de máximo material. A condição é gerada pelo efeito conjunto da dimensão de máximo material e das tolerâncias geométricas. O termo condição virtual é utilizado apenas para *elementos dimensionais*, em que, no quadro de controle há a especificação Ⓜ (Figuras 7.3 e 7.9).

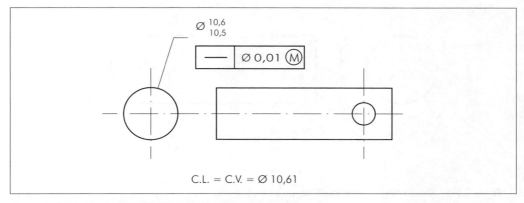

Figura 7.9: Condição limite, representada pela condição virtual.

CONDIÇÃO LIMITE PARA *ELEMENTOS DIMENSIONAIS* EXTERNOS E INTERNOS: É a condição limite para *elementos dimensionais* externos ou internos em que não há a representação da condição de máximo material no quadro de controle, também é gerada pelo efeito conjunto da dimensão máxima com a tolerância geométrica. Apenas por terminologia, por não ter tolerância bônus, procura-se não utilizar a denominação condição virtual (Figura 7.10).

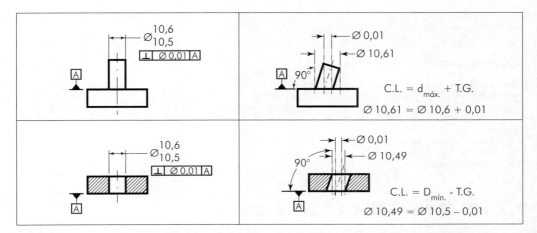

Figura 7.10: Condição limite para *elementos dimensionais* externos e internos, em que T.G. é a tolerância geométrica especificada.

CONDIÇÃO LIMITE PARA *ELEMENTOS*: A condição limite para *elementos* é dada pelo limite da tolerância dimensional (Figura 7.11).

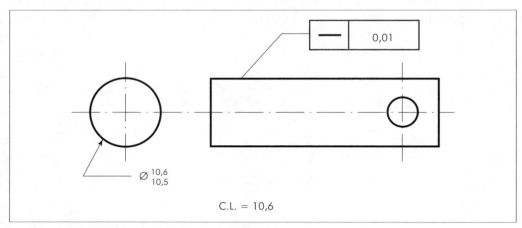

Figura 7.11: Representação da condição limite para um *elemento*.

O Quadro 7.1 mostra um resumo das condições limites para as diversas situações.

Quadro 7.1: Obtenção das condições limites em diversas situações.

Especificação	Localização	Condição Limite
E.D. sem T.G.	Interno Externo	D_{min} $d_{máx}$
E.D. com T.G. sem Ⓜ	Interno Externo	D_{min} – T.G. $d_{máx}$ + T.G.
E.D. com T.G. com Ⓜ	Interno Externo	D_{min} – T.G. (C.V.) $d_{máx}$ + T.G. (C.V.)
Elemento com T.G.	Interno Externo	D_{min} $d_{máx}$
Legenda: E.D.: *Elemento Dimensional*; T.G.: Tolerância Geométrica; C.V.: Condição Virtual.		

7.2 TOLERÂNCIAS GEOMÉTRICAS

O Quadro 7.2 mostra os símbolos das tolerâncias geométricas, os modificadores e as referências, se aplicáveis.

Tolerâncias Geométricas

Quadro 7.2: Símbolos das tolerâncias geométricas, modificadores e referências quando aplicáveis.

Categoria	Característica	Símbolo	Utiliza referência
Forma	Retitude	—	Nunca
	Planeza	▱	
	Circularidade	○	
	Cilindricidade	⌭	
Perfil	Perfil de uma curva	⌒	Algumas vezes
	Perfil de uma superfície	⌓	
Orientação	Inclinação	∠	Sempre
	Perpendicularidade	⊥	
	Paralelismo	//	
Localização	Posição	⊕	Sempre
	Concentricidade	◎	
	Coaxialidade	◎	
	Simetria	≡	
Batimento	Batimento	↗	Sempre
	Batimento total	↗↗	

Na ausência de tolerâncias geométricas ou forma, quando somente as *tolerâncias dimensionais* forem aplicadas, elas exercem controle sobre a dimensão e a forma dos *elementos dimensionais* de uma peça, configurando assim, as condições limites (Regra Geral). A Figura 7.12 mostra um pino, no qual somente a tolerância dimensional é aplicada.

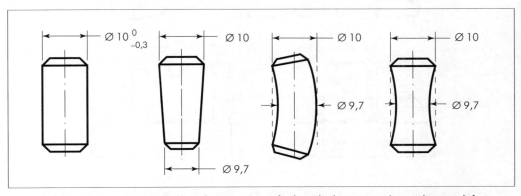

Figura 7.12: Pinos com apenas *tolerâncias dimensionais* especificadas podendo apresentar diversas distorções de forma.

As tolerâncias geométricas são especificadas em um quadro retangular, dividido em compartimentos, dentro dos quais os símbolos das tolerâncias geométricas, o valor da tolerância, o modificador e as referências são colocados (Figura 7.13).

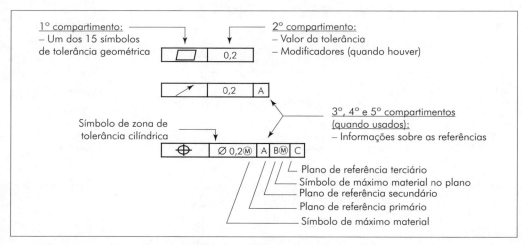

Figura 7.13: Compartimentos de um quadro de tolerâncias geométricas.

Quando a peça não contém referência em sua especificação não se tem informação suficiente a respeito da sequência da fixação da peça (Figura 7.14), podendo ser fixada de diversas maneiras para o controle.

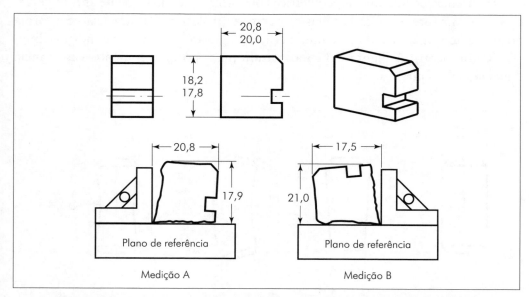

Figura 7.14: Peças sem indicação de referências, o que pode implicar resultados diferentes de medição.

Tolerâncias Geométricas

As referências podem ser um ponto, um plano ou um eixo da peça e recebem a denominação de primária, secundária ou terciária, segundo a posição que ocupam no quadro de controle. A indicação das referências é feita segundo a Figura 7.15 e podem ser colocadas de quatro maneiras distintas (Figura 7.16).
1. Conectar a base do símbolo à superfície (B, C e D, Figura 7.16);
2. Colocar a base do símbolo à uma linha de extensão de uma superfície (A, Figura 7.16);
3. Conectar a base do símbolo à uma extensão da cota. A base tem que estar fora das linhas de cota (E e G, Figura 7.16);
4. Conectar a base do símbolo a um quadro de controle (F, Figura 7.16).

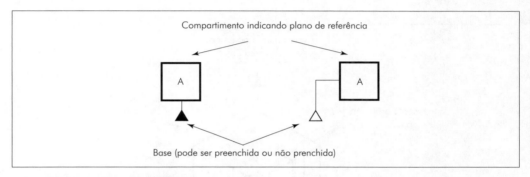

Figura 7.15: Indicação de referências.

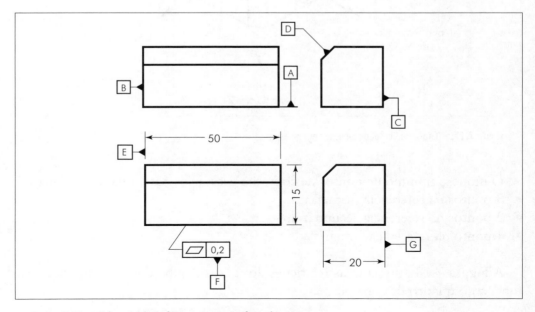

Figura 7.16: Colocação das referências nas superfícies das peças.

A ordem em que as referências aparecem no quadro de controle estabelece a precedência de sujeição (fixação) das peças nos dispositivos de fabricação e de controle, pois se a peça é livre para se mover no espaço, ela não terá restrições com relação aos seus graus de liberdade, que são (Figura 7.17):
1. Rotação em torno do eixo X;
2. Movimento ao longo do eixo X;
3. Rotação em torno do eixo Y;
4. Movimento ao longo do eixo Y;
5. Rotação em torno do eixo Z;
6. Movimento ao longo do eixo Z.

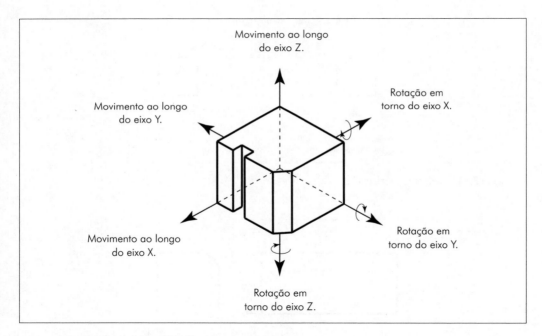

Figura 7.17: Graus de liberdade de uma peça no espaço.

O número mínimo de pontos de contato necessários para a fixação da peça é:
- 3 pontos na referência primária;
- 2 pontos na referência secundária;
- 1 ponto na referência terciária.

A Figura 7.18 apresenta as restrições dos graus de liberdade de uma peça, em função do quadro de controle.

Tolerâncias Geométricas

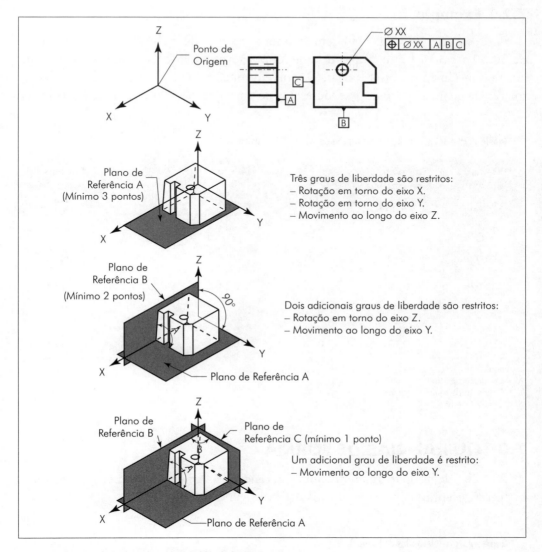

Figura 7.18: Restrições dos graus de liberdade de uma peça.

Para os desvios geométricos que permitem a utilização do modificador Ⓜ (condição de máximo material), há necessidade de determinar uma tolerância bônus. Sempre que houver este modificador, associado com uma tolerância geométrica, significa que a tolerância geométrica especificada se aplica quando a dimensão estiver na condição de máximo material, ou seja, a tolerância geométrica somente pode ser medida, após ser medida a *dimensão efetiva* local. Assim, se a *dimensão efetiva* local não estiver na condição de máximo material, a tolerância geométrica pode ser aumentada em um certo valor denominado bônus.

7.2.1 Exemplo

Para um furo $\varnothing = 30$ H11 tem-se uma zona de tolerância dimensional que vai de 30,00 até 30,13 mm. Supondo que uma determinada tolerância geométrica que aceita o modificador $\textcircled{M}$ seja de 0,10 mm, em função dos valores medidos do furo, a tolerância geométrica poderá ser acrescida de um valor, conforme mostra a Tabela 7.1.

Tabela 7.1: Tolerância bônus em função dos valores dimensionais.

Dimensão Medida	Tolerância Geométrica	Bônus			Tolerância Geométrica Total $\textcircled{M}$
		M	**L**	**S**	
30,00	0,10	0,00	0,13	0,00	0,10
30,01	0,10	0,01	0,12	0,00	0,11
30,02	0,10	0,02	0,11	0,00	0,12
...	...	...	...	...	...
30,13	0,10	0,13	0,00	0,00	0,23

Legenda:
M = Condição de Máximo Material;
L = Condição de Mínimo Material;
S = Condição Normal.

7.3 TOLERÂNCIAS DE FORMA

As tolerâncias de forma têm como referência os *elementos* geométricos perfeitos e são representadas pelos símbolos mostrados no Quadro 7.3.

Quadro 7.3: Tolerâncias de forma.

Símbolo	Referência	Pode ser aplicado a		Pode afetar a C.L.?	Pode utilizar $\textcircled{M}$	Pode não utilizar a regra geral?
		Superfície	E.D.			
——	Não	Sim	Sim*	Sim*	Sim*	Sim*
▱	Não	Sim	Não	Não	Não	Não
◯	Não	Sim	Não	Não	Não	Não
⌀	Não	Sim	Não	Não	Não	Não

* Quando aplicado a um Elemento Dimensional (E.D.).
C.L.: Condição Limite.

Tolerâncias Geométricas

RETITUDE: É a condição em que cada *elemento* (ou linha média ou plano médio) é uma linha reta. O desvio de retitude (de uma superfície) é a variação que o *elemento* pode ter em relação à uma linha reta. Quando se relaciona à superfície a tolerância de retitude é a distância entre duas linhas paralelas, distância pico--vale (Figura 7.19) e, neste caso, a tolerância de retitude não pode ser maior que a tolerância dimensional e a condição limite não é afetada.

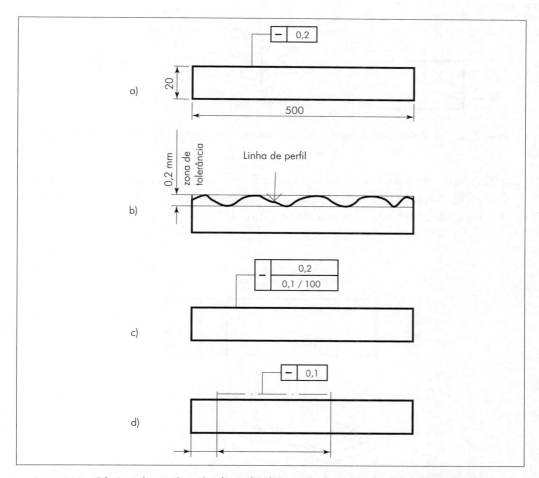

Figura 7.19: Tolerância de retitude sendo: a) superfície (*Elemento*) de uma peça prismática; b) zona de tolerância; c) tolerância para o comprimento total e parcial; d) tolerância para uma parte definida da peça.

A retitude é a única tolerância de forma que pode ser aplicada a um *elemento dimensional* (um diâmetro, no caso) e ser combinada com o modificador Ⓜ, e neste caso, atenção especial tem de ser dada à condição virtual e à Tolerância Bônus (Figura 7.20).

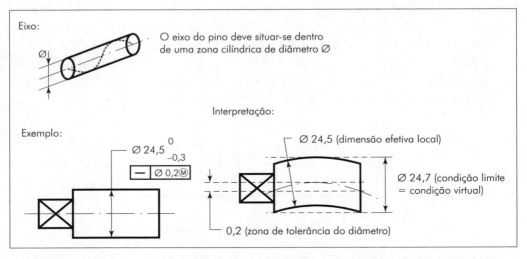

Figura 7.20: Tolerância de retitude especificada para o *elemento dimensional*; condição virtual e tolerância bônus.

PLANEZA: É a condição de uma superfície tendo todos os seus *elementos* em um plano. O desvio de planeza é o desvio da superfície ideal plana e é representado pela distância entre dois planos paralelos (Figura 7.21).

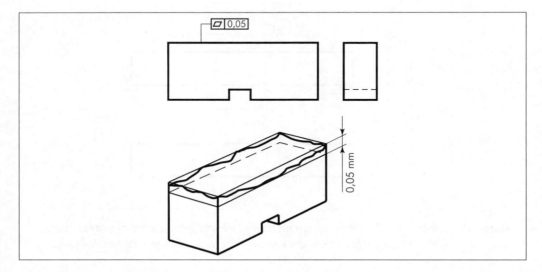

Figura 7.21: Zona de tolerância da planeza.

Se uma determinada peça estiver em sua dimensão máxima, nesta condição a peça não pode apresentar nenhum desvio de planeza (Regra Geral) (Figura 7.22).

Tolerâncias Geométricas

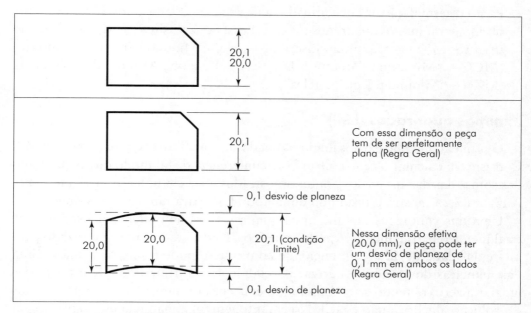

Figura 7.22: Desvio de planeza admissíveis em função da dimensão do componente.

Dessa afirmação depreende-se que a tolerância máxima de planeza que pode ser especificada em uma peça, é o valor da tolerância dimensional.

CIRCULARIDADE: Circularidade é a condição em que todos os pontos de uma superfície de revolução em qualquer seção perpendicular a um eixo comum, são equidistantes daquele eixo.

O desvio de circularidade é representado por dois círculos concêntricos com uma distância radial mínima (mínima coroa radial) aplicada independente em cada plano (Figura 7.23). Assim como na planeza, o valor máximo da tolerância de circularidade que pode ser especificada corresponde à tolerância dimensional.

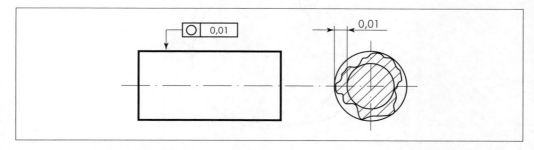

Figura 7.23: Desvio de circularidade.

Para a determinação da circularidade há quatro métodos distintos, que são: círculo obtido por mínimos quadrados (LSC – "Least Square Circle"); Máximo Círculo Inscrito (MIC – "Maximum Inscribed Circle"); Mínimo Círculo Circunscrito (MCC – "Minimum Circumscribed Circle") e Zona Mínima de Tolerância (MZC – "Minimum Zone Circles").

Mínimos quadrados (LSC)

O primeiro método é o dos mínimos quadrados ou "Least Square Center" (LSC). Consiste em calcular o centro de uma circunferência de tal modo que o quadrado das somas das distâncias dos pontos amostrados até a circunferência seja mínimo. A Figura 7.24 mostra o resultado do método LSC para um perfil qualquer.

Uma das vantagens dos mínimos quadrados é que podem ser usados para qualquer geometria, inclusive perfis genéricos. Este método é muito utilizado para a circularidade devido à simplicidade com que se pode fazer os cálculos. Uma das maneiras de calcular é derivar parcialmente a fórmula da circunferência e igualar a zero, obtendo-se o mínimo. As equações resultantes têm muitos termos e a solução algébrica não é fácil. No entanto, em uma máquina especializada em medir circularidade, a peça deve ser inicialmente "centralizada". Obtido o gráfico polar, pode-se tirar vários pontos de forma simétrica, dividindo a circunferência em ângulos iguais. Estas duas condições permitem eliminar uma série de termos, podendo-se calcular o centro da seguinte forma:

$$X_c = \sum_{i=1}^{n} \frac{2X_i}{n} \qquad (7.1)$$

$$Y_c = \sum_{i=1}^{n} \frac{2Y_i}{n} \qquad (7.2)$$

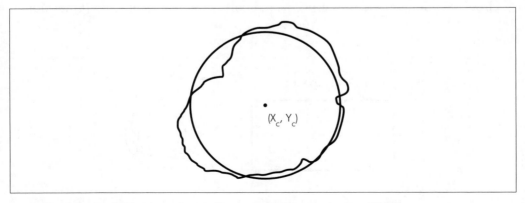

Figura 7.24: Um perfil com o círculo ajustado pelo método "Least Square Center" (LSC).

Máximo Círculo Inscrito e Mínimo Círculo Circunscrito (MIC e MCC)

Outros dois métodos são o Máximo Círculo Inscrito (MIC) e Mínimo Círculo Circunscrito (MCC). Apesar de não estarem de acordo com a definição de circularidade, estes métodos têm sido usados porque podem ser interpretados como o menor anel ajustável a um eixo (MCC) ou como o maior eixo ajustável em um furo (MIC).

O MCC é definido como o centro de duas circunferências concêntricas de modo que a circunferência externa seja a menor possível. Analogamente, o MIC define um centro de duas circunferências de modo a ter a maior circunferência interna. Pode-se ver a definição na Figura 7.25.

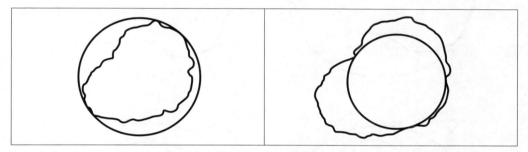

Figura 7.25: Um perfil com o Mínimo Círculo Circunscrito (MCC) e Máximo Círculo Inscrito (MIC).

Zona Mínima de Tolerância (MZC)

O último dos quatro métodos é o de Zona Mínima de Tolerância, ou "Minimum Zone Center (MZC)", também chamado "Minimum Radial Separation (MRS)" ou ainda "Total Indicator Reading (TIR)" (Figura 7.26). Este está matematicamente de acordo com a definição de circularidade, ou seja, procura-se o par de círculos concêntricos que forneçam a menor separação entre si e que o anel formado contenha o perfil da peça. Este método é o que permite obter, entre todos a menor coroa circular, o que condiz com o conceito normatizado de desvio de circularidade.

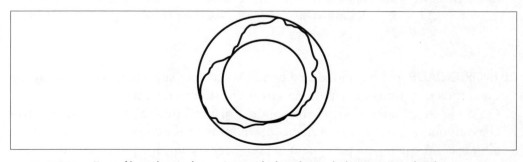

Figura 7.26: Um perfil com dois círculos concêntricos obtidos pelo Método da Zona Mínima (MZC).

Conhecendo-se os quatro conceitos, é interessante mostrar uma figura, na qual o mesmo perfil foi calculado por diferentes métodos (Figura 7.27).

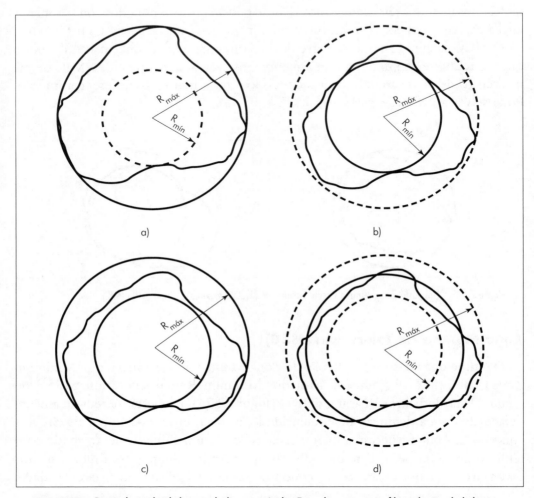

Figura 7.27: Desvio de circularidade segundo diversos métodos. Exemplo: o mesmo perfil tem desvio calculado como: a) $R_{máx} - R_{mín} = 0{,}88$ mm no MCC; b) $R_{máx} - R_{mín} = 0{,}76$ mm no MIC; c) $R_{máx} - R_{mín} = 0{,}72$ mm no MZC; d) $R_{máx} - R_{mín} = 0{,}75$ mm no LSC.

CILINDRICIDADE: Cilindricidade é a condição de uma superfície de revolução em que todos os pontos da superfície são equidistantes de um eixo comum.

O desvio de cilindricidade corresponde à distância radial entre dois cilindros coaxiais que incluem todos os *elementos* (pontos altos e baixos) de uma superfície cilíndrica. A tolerância máxima que pode ser especificada para a cilindricidade corresponde à tolerância dimensional (Figura 7.28).

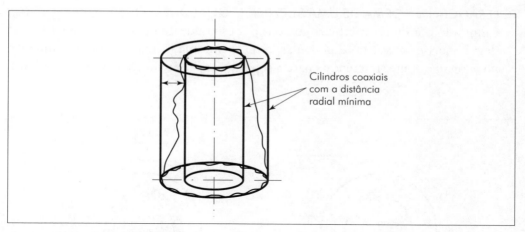

Figura 7.28: Desvio de cilindricidade.

FORMA DE UMA LINHA QUALQUER: O campo de tolerância é limitado por duas linhas geradas por círculo de diâmetro "Ø" e o perfil real deve situar-se entre essas duas linhas. Pode ou não utilizar referências para fixação da peça (Figura 7.29).

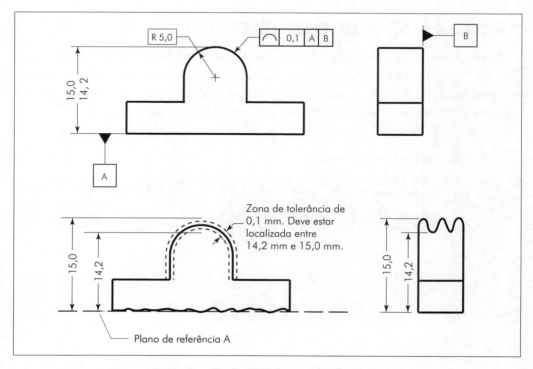

Figura 7.29: Perfil de uma linha utilizando planos de referência para fixação da peça.

TOLERÂNCIA DE FORMA DE UMA SUPERFÍCIE QUALQUER: O campo de tolerância é limitado por duas superfícies geradas por esfera de diâmetro "∅" e o perfil real deve situar-se entre estas duas superfícies. Da mesma forma que no caso anterior, pode ou não conter referências para a sujeição da peça para controle (Figura 7.30).

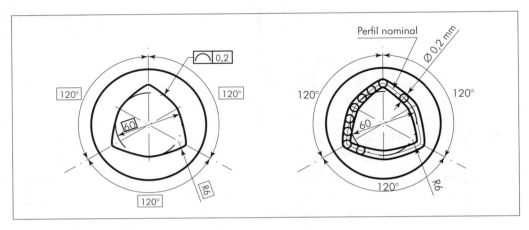

Figura 7.30: Forma de uma superfície qualquer.

7.4 TOLERÂNCIAS DE ORIENTAÇÃO

As tolerâncias de orientação são utilizadas quando as *tolerâncias dimensionais* e as de forma não são suficientes para a função ou *intercambiabilidade* de um componente. Necessitam sempre de uma referência, a ser colocada no Quadro de Controle. O Quadro 7.4 apresenta os símbolos destas tolerâncias.

Quadro 7.4: Símbolos das tolerâncias de orientação.

Símbolo	Referência?	Pode ser aplicado a Superfície	Pode ser aplicado a E.D.	Pode afetar a C.L.?	Pode utilizar Ⓜ
//	Sim	Sim	Sim	Sim*	Sim*
⊥	Sim	Sim	Sim	Sim*	Sim*
∠	Sim	Sim	Sim	Sim*	Sim*

* Quando aplicado a um Elemento Dimensional (E.D.).

Tolerâncias Geométricas

PARALELISMO: É a condição que resulta quando um *elemento* ou um *elemento dimensional* é exatamente paralelo à referência. As aplicações mais comuns de paralelismo caem em dois casos gerais:
- Paralelismo aplicado a uma superfície (*elemento*);
- Paralelismo aplicado a um diâmetro (*elemento dimensional*).

A Figura 7.31 mostra um controle de paralelismo aplicado à uma superfície (*elemento*). Nessa situação, ocorre:
- A zona de tolerância é compreendida por dois planos paralelos que são paralelos ao plano de referência;
- A zona de tolerância é localizada dentro dos limites de tolerância dimensional;
- O valor da zona de tolerância do paralelismo é definido pela distância entre os planos;
- Todos os *elementos* da superfície têm de estar dentro da zona de tolerância e também controla a planeza do *elemento*.

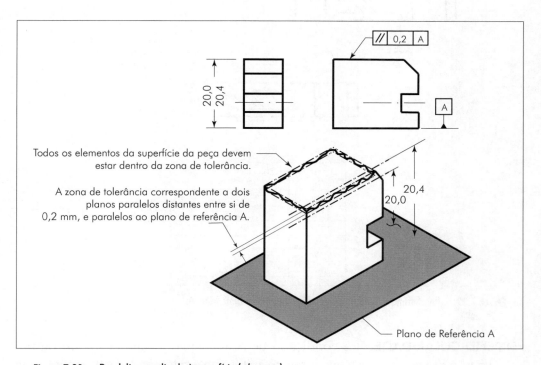

Figura 7.31: Paralelismo aplicado à superfície (*elemento*).

A Figura 7.32 apresenta um desvio de paralelismo, contendo o modificador Ⓜ, aplicado a um diâmetro (*elemento dimensional*). As seguintes situações ocorrem:

- A zona de tolerância é um cilindro, cujo eixo é paralelo à referência;
- O valor da tolerância é dado pelo diâmetro do cilindro;
- Uma tolerância bônus deve ser determinada;
- Deve ser determinada a condição virtual para o cálculo do calibrador passa/não passa. No caso da Figura 7.32, a condição virtual é de 20,55 (20,70 – 0,15).

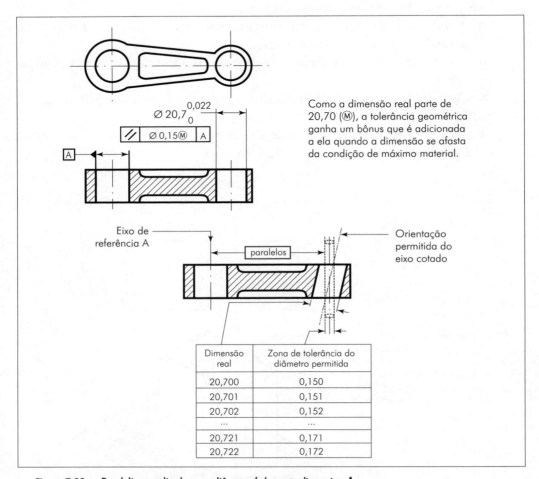

Figura 7.32: Paralelismo aplicado a um diâmetro (*elemento dimensional*).

PERPENDICULARIDADE: É a condição que resulta quando um *elemento* ou um *elemento dimensional* está exatamente à 90° com a referência. Da mesma forma que no paralelismo, as aplicações mais comuns de perpendicularidade ocorrem em dois casos:
- Perpendicularidade aplicada à superfície (*elemento*);
- Perpendicularidade aplicada a um diâmetro (*elemento dimensional*).

Tolerâncias Geométricas

A Figura 7.33 mostra um caso em que a tolerância de perpendicularidade é aplicada à uma superfície. Observa-se nesse caso que:
- A zona de tolerância é compreendida por dois planos paralelos que são perpendiculares à referência;
- O valor da tolerância de perpendicularidade é a distância entre os dois planos;
- Todos os *elementos* da superfície têm de estar dentro da zona de tolerância;
- A perpendicularidade limita a planeza da peça.

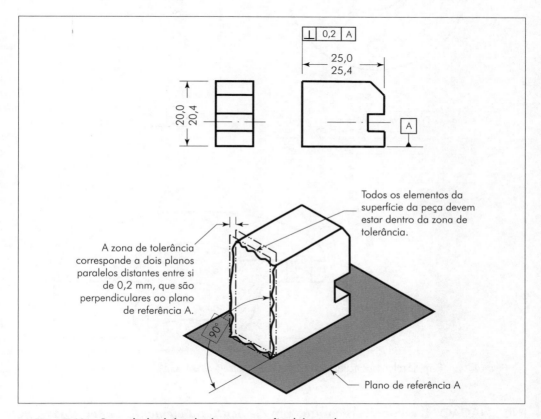

Figura 7.33: Perpendicularidade aplicada a uma superfície (*elemento*).

A Figura 7.34 apresenta uma tolerância de perpendicularidade aplicada a um *elemento dimensional*, com a condição de máximo material Ⓜ. Nesta situação, tem-se:
- A zona de tolerância é um cilindro, cujo eixo é perpendicular à referência;
- A tolerância bônus deve ser calculada;
- A condição virtual, para controle de diâmetro com calibrador deve ser determinada. Neste caso, a C_v é 50,25 (50,2 + 0,05).

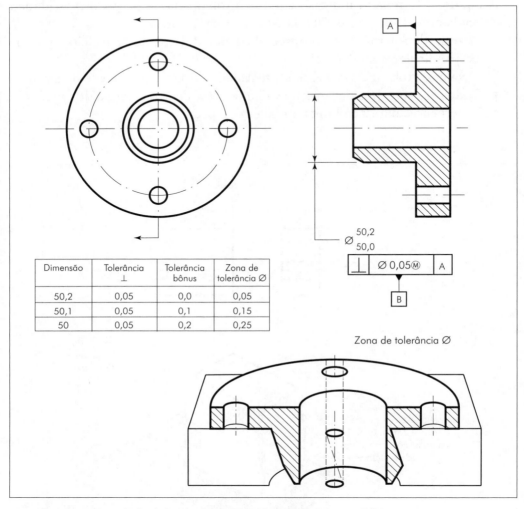

Figura 7.34: Perpendicularidade aplicada a um diâmetro (*elemento dimensional*).

INCLINAÇÃO: É a condição em que um *elemento* ou *elemento dimensional* está localizado exatamente de acordo com um ângulo especificado. Da mesma maneira que nos casos anteriores aplica-se normalmente à:
- Superfície (*elemento*);
- Diâmetro (*elemento dimensional*).

A Figura 7.35 mostra a tolerância de inclinação aplicada à uma superfície e é a aplicação mais comum. As seguintes condições se aplicam:
- A zona de tolerância é compreendida por dois planos paralelos;
- O valor da tolerância é a distância entre estes planos;

Tolerâncias Geométricas

- A zona de tolerância é orientada de acordo com a referência e o ângulo da inclinação deve vir indicado dentro de um retângulo;
- A tolerância de inclinação limita também o desvio de planeza do *elemento*.

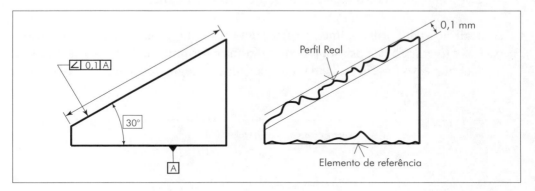

Figura 7.35: Inclinação aplicada à uma superfície.

7.5 TOLERÂNCIAS DE LOCALIZAÇÃO

As tolerâncias de localização de um *elemento* em relação a outro são compreendidas por posição, simetria, concentricidade e coaxialidade (Quadro 7.5).

Quadro 7.5: Símbolo das tolerâncias de localização.

Símbolo	Referência?	Pode ser aplicado a	Pode afetar a C.L.?	Pode utilizar Ⓜ
⊕	Sim	Diâmetro (Elemento dimensional)	Sim	Sim
═	Sim	Linha de centro (elemento)	Não	Não
◎	Sim	Linha de centro do círculo (elemento)	Não	Não
⌀	Sim	Linha de centro do cilíndro (elemento)	Não	Não

POSIÇÃO: A tolerância de posição se refere a localização teoricamente exata de um *elemento dimensional*, que é definido por dimensões básicas (dimensões indicadas em um retângulo).

A tolerância de posição pode ser utilizada para:
- Localizar a distância entre os *elementos dimensionais* tais como furos, rasgos etc.;
- Localizar um conjunto de *elementos dimensionais*;
- Controlar a coaxialidade de *elementos dimensionais*.

A localização de, principalmente furos, deve ser feita utilizando-se de dimensões básicas e tolerância de posição, pois desta forma é permitida uma zona de tolerância, 57% maior, caso fossem utilizadas coordenadas retangulares (Figuras 7.36 e 7.37).

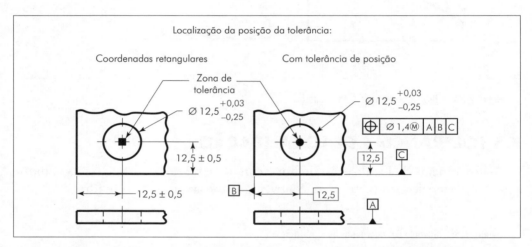

Figura 7.36: Posição de um *elemento dimensional* com coordenadas retangulares e com desvio de posição.

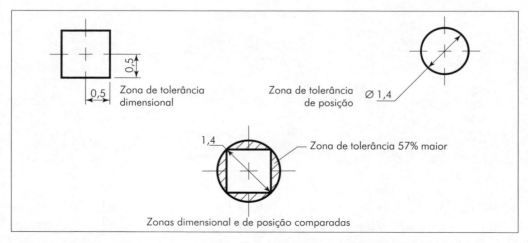

Figura 7.37: Comparação entre zonas de tolerâncias, com *tolerâncias dimensionais* e tolerância de posição.

Tolerâncias Geométricas

A tolerância de posição pode ser aplicada tanto sem a condição de máximo material (Figura 7.38), quanto na condição de máximo material, em que uma tolerância bônus dever ser calculada (Figura 7.39).

No caso da Figura 7.38 a zona de tolerância é compreendida por um cilindro de diâmetro 0,06 mm, independente do valor do diâmetro do furo (não há a condição de máximo material).

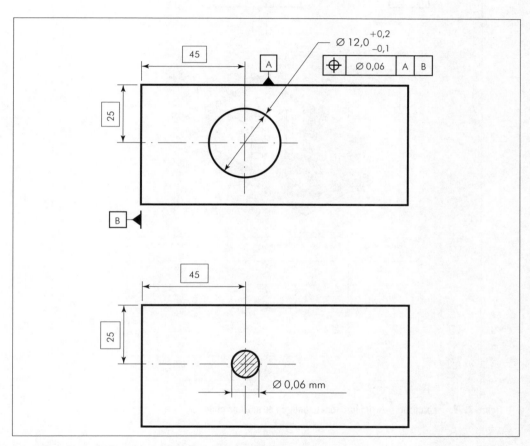

Figura 7.38: Localização de um furo sem a condição de máximo material.

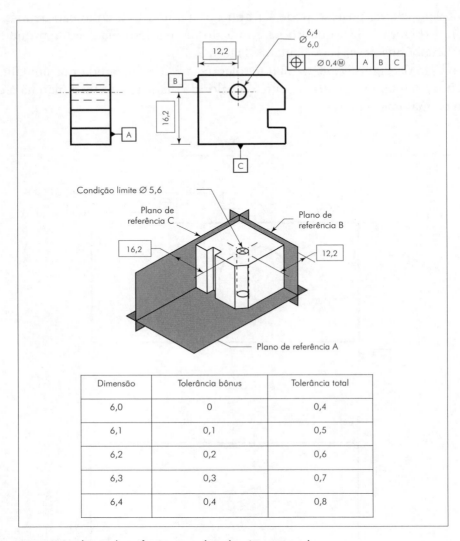

Figura 7.39: Localização de um furo com a condição de máximo material.

Em muitos casos torna-se interessante, para efeitos de medição, a determinação das distâncias máximas e mínimas da borda da peça à borda do furo (Figura 7.40).

Tolerâncias Geométricas

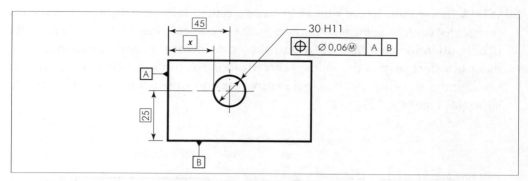

Figura 7.40: Desvio de posição e distância "x" da face à borda do furo.

Para a determinação da distância máxima, considera-se o furo na dimensão mínima e não há tolerância bônus. Assim, tem-se a Figura 7.41:

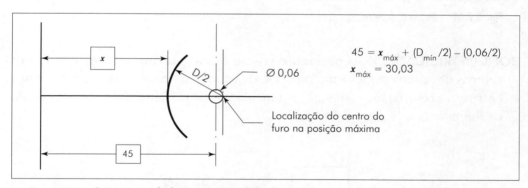

Figura 7.41: Determinação da distância máxima da borda.

A Figura 7.42 mostra a determinação da distância mínima em que o furo está na dimensão máxima e há a tolerância bônus.

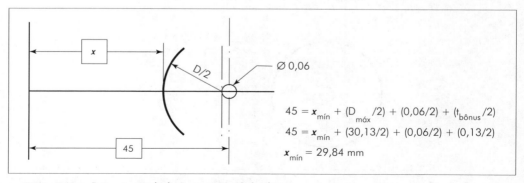

Figura 7.42: Determinação da distância mínima da borda.

SIMETRIA: É a condição em que as linhas de centro (*elementos*) ou plano médio (*elemento*) de dois *elementos dimensionais* são coincidentes. O desvio de simetria ocorre quando estes *elementos* não são coincidentes. A zona de tolerância é dada por dois planos paralelos, centralizados em torno do eixo de referência ou da linha de centro. A distância entre estes dois planos é igual ao desvio de simetria (Figura 7.43).

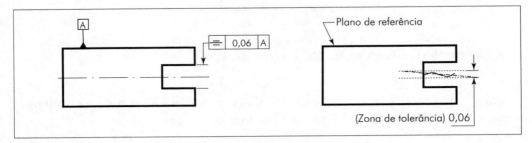

Figura 7.43: Desvio de simetria.

CONCENTRICIDADE: Dois ou mais eixos ou furos são concêntricos quando os centros de ambos coincidem. O desvio de concentricidade se refere à diferença entre estes centros, de forma que a zona de tolerância é limitada por um círculo de diâmetro ∅, (Figura 7.44).

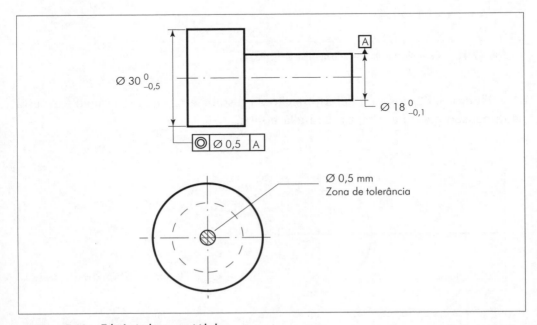

Figura 7.44: Tolerância de concentricidade.

Tolerâncias Geométricas

COAXIALIDADE: Dois ou mais eixos ou furos são coaxiais quando as linhas de centro destes eixos ou furos são coincidentes. O desvio de coaxialidade se refere à diferença entre estas linhas de centro ao longo da peça, de forma que a zona de tolerância é limitada por um cilindro de diâmetro ⌀ (Figura 7.45)

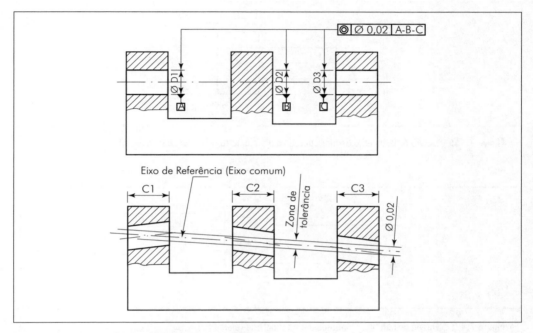

Figura 7.45: Campo de tolerância da coaxialidade.

7.6 TOLERÂNCIAS DE BATIMENTO

As tolerâncias de batimento (imperfeições de giro) são sempre aplicadas a *elementos* de revolução. O Quadro 7.6 apresenta os símbolos destas tolerâncias.

Quadro 7.6: Tolerâncias de batimento.

Símbolo	Referência?	Pode ser aplicado a		Pode afetar a C.L.?	Pode utilizar Ⓜ
		Superfície	E.D.		
↗	Sim	Sim	Sim	Sim*	Não
⌁	Sim	Sim	Sim	Sim*	Não

* Quando aplicada a um Elemento Dimensional (E.D.), mas embora aplicável a E.D., não se utiliza Ⓜ.

BATIMENTO CIRCULAR: O batimento circular se refere à imprecisão de giro de uma peça rotacional. A Figura 7.46 mostra o desvio de batimento aplicado a um diâmetro e a Figura 7.47 à uma superfície, na qual apenas uma seção da peça é verificada.

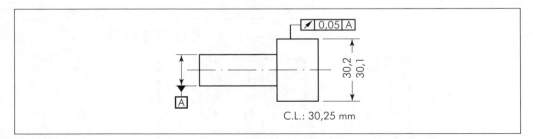

Figura 7.46: Desvio de batimento circular aplicado a um diâmetro (*elemento dimensional*).

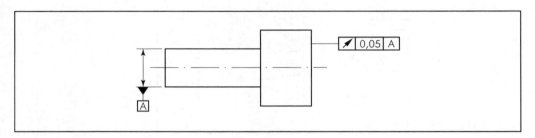

Figura 7.47: Desvio de batimento aplicado à uma superfície (*elemento*).

BATIMENTO TOTAL: Refere-se à imprecisão de giro de uma peça rotacional, na qual toda a superfície da peça é verificada (Figura 7.48).

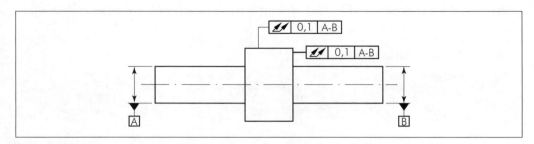

Figura 7.48: Desvio de batimento total aplicado a um diâmetro e também a uma superfície.

As tolerâncias microgeométricas, representadas pela rugosidade, serão vistas no próximo capítulo.

CAPÍTULO **8**

RUGOSIDADE DAS SUPERFÍCIES

8.1 INTRODUÇÃO

A rugosidade ou textura primária é formada por sulcos ou marcas deixadas pela ferramenta que atuou sobre a superfície da peça e se encontra superposta ao perfil de ondulação.

A ondulação ou textura secundária é o conjunto das irregularidades repetidas em ondas de comprimento bem maior que sua amplitude, ocasionadas por imprecisões de movimentos dos equipamentos.

A textura superficial é medida por meio de diversos tipos de aparelhos (ópticos, laser, eletromecânicos), sendo os mais utilizados os aparelhos eletromecânicos (Figura 8.1). Os aparelhos usados para medir a rugosidade são chamados rugosímetros.

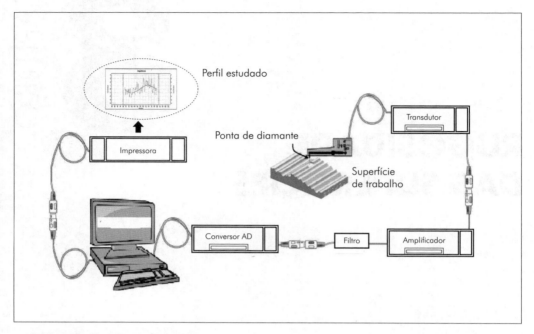

Figura 8.1: Rugosímetro eletromecânico.

Quando se mede a rugosidade, o aparelho mostrará o perfil da peça, composto da rugosidade e das ondulações (Figura 8.2) e por meio de uma filtragem adequada separam-se os desvios de forma da rugosidade. A atuação de um filtro para rugosidade assemelha-se a uma filtragem para distinguir, segundo um determinado critério, o que é areia e o que é pedra. No caso da areia, usa-se uma peneira com orifícios de diâmetro preestabelecido segundo o critério adotado para definir a areia, e os grãos que passarem pelo orifício constituirão a areia, e aqueles que não passarem serão definidos como pedra. O diâmetro dos orifícios da peneira determina, portanto, o que é areia e o que é pedra (Figura 8.3). A filtragem do perfil de rugosidade ocorre segundo o mesmo conceito. Um filtro de rugosidade separa os desvios de forma do perfil de rugosidade. O comprimento de onda do filtro, chamado de "cut-off", determina o que deve passar e o que não deve passar, exatamente como na peneira do exemplo, sendo que cabe se escolher um comprimento de onda adequado, para se definir a rugosidade, como se escolhe o diâmetro dos orifícios da peneira. No caso da rugosidade, os sinais de baixa frequência caracterizam as ondulações e os de alta frequência, a rugosidade. A Figura 8.4 mostra um perfil de rugosidade após a filtragem.

Rugosidade das Superfícies

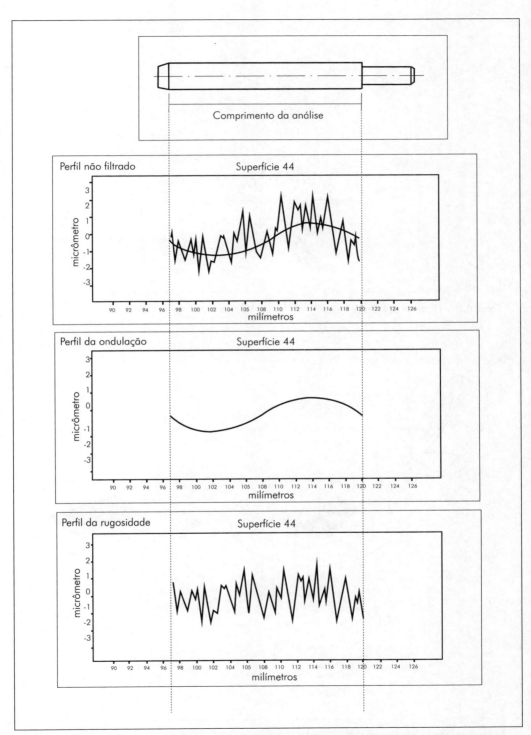

Figura 8.2: Perfil não filtrado, perfil da ondulação (rugosidade filtrada) e perfil da rugosidade (ondulação filtrada).

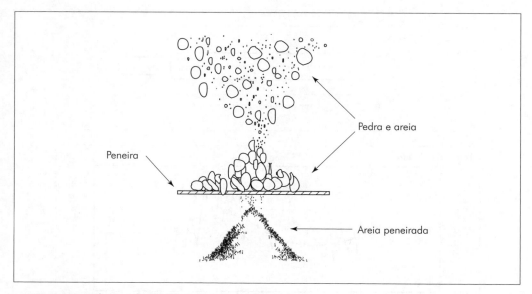

Figura 8.3: Filtragem de grãos de areia.

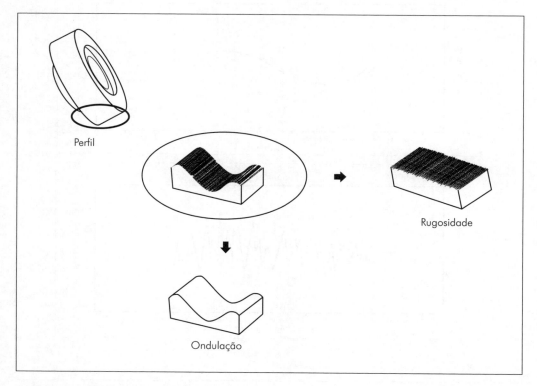

Figura 8.4: Perfil de rugosidade.

Rugosidade das Superfícies

A Figura 8.5 mostra algumas variáveis obtidas no perfil de uma peça.

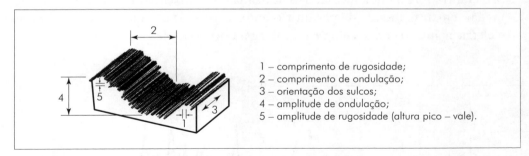

1 – comprimento de rugosidade;
2 – comprimento de ondulação;
3 – orientação dos sulcos;
4 – amplitude de ondulação;
5 – amplitude de rugosidade (altura pico – vale).

Figura 8.5: Elementos de uma superfície usinada.

Para se efetuar a medição de uma rugosidade, deve-se conceituar alguns parâmetros utilizados em tais medições. Adota-se, para tal, o sistema de medição chamado sistema M, visto que dentro da metrologia que controla superfícies, não se mede a dimensão de um corpo (metrologia dimensional) e sim os desvios em relação à uma forma ideal. Assim, tem-se que usar como linha de referência uma forma ideal, que no caso do sistema M é a linha média.

LINHA MÉDIA: É definida como uma linha disposta paralelamente à direção do perfil, dentro do percurso de avaliação l_n, de modo que a soma das áreas superiores seja exatamente igual à soma das áreas inferiores (Figura 8.6). Portanto, tem-se a igualdade:

$$\sum_{i=1}^{n} Z_i = \sum_{s=1}^{n} Z_s \tag{8.1}$$

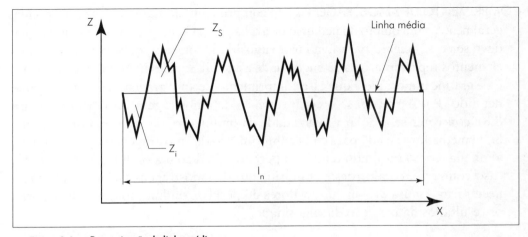

Figura 8.6: Determinação da linha média.

PERCURSO INICIAL (l_v): É a extensão da primeira parte do primeiro trecho apalpado, projetado sobre a linha média, não utilizada na avaliação (Figura 8.7). O trecho inicial tem a finalidade de permitir o amortecimento das oscilações mecânicas e elétricas iniciais do sistema e a centragem do perfil de rugosidade.

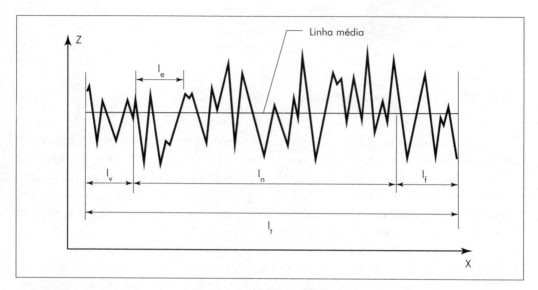

Figura 8.7: Percursos de apalpamento, medição, amostragem, inicial e final.

PERCURSO DE AVALIAÇÃO (l_n): É a extensão do trecho útil do perfil de rugosidade usado diretamente na avaliação, projetado sobre a linha média (Figura 8.7).

COMPRIMENTO DE AMOSTRAGEM (l_e): O comprimento de amostragem corresponde, geralmente, a um quinto do percurso de avaliação l_n. O comprimento de amostragem deve ser o suficiente para avaliar a rugosidade, ou seja, deve conter todos os elementos representativos da rugosidade e excluir aqueles inerentes à ondulação. É de grande importância que esse comprimento de amostragem seja corretamente definido. Por exemplo, se o comprimento de amostragem for correto (Figura 8.8), conseguir-se-á isolar a rugosidade da ondulação, de tal forma que, se uma linha média for traçada para cada comprimento de amostragem e posteriormente alinhada, como resultado ter-se-á o perfil original com a ondulação filtrada. Se, caso contrário, o valor deste comprimento de amostragem for maior do que o necessário (Figura 8.9) incluirá valores do perfil de ondulação que influenciarão os resultados da medição da rugosidade.

Rugosidade das Superfícies

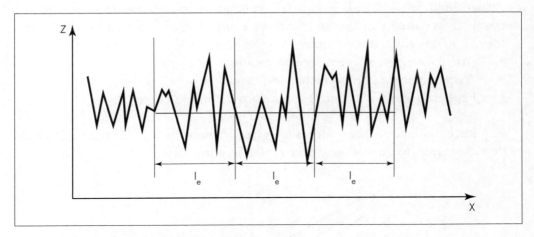

Figura 8.8: Perfil de rugosidade com ondulação filtrada.

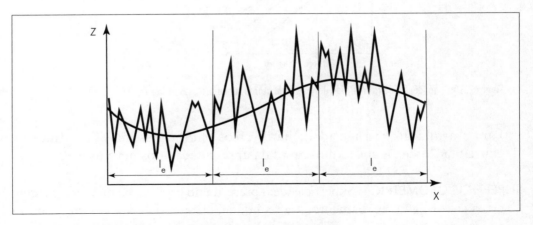

Figura 8.9: Comprimento de amostragem maior do que o necessário.

Portanto, o comprimento de amostragem é o próprio "cut-off" citado anteriormente.

PERCURSO FINAL (l_f): É a extensão da última parte do trecho apalpado, projetado sobre a linha média e não utilizada na avaliação. O trecho final tem a finalidade de permitir o amortecimento das oscilações mecânicas e elétricas finais do sistema de medição (Figura 8.7).

PERCURSO DE APALPAMENTO (l_t): É a soma dos percursos inicial, de avaliação e final, portanto:

$$l_t = l_v + l_n + l_f \text{ (mm)} \tag{8.2}$$

A rugosidade é empregada em situações em que as *tolerâncias dimensionais* e as geométricas não são suficientes para que o componente funcione adequadamente, tais como nas situações em que:
- Atrito e desgaste devem ser controlados;
- A aparência do componente é importante;
- Peças são acopladas para escoamento de fluídos etc.

Por outro lado, peças com valores menores de rugosidade tendem a ter um ciclo de vida maior do que peças mais rugosas (Figura 8.10).

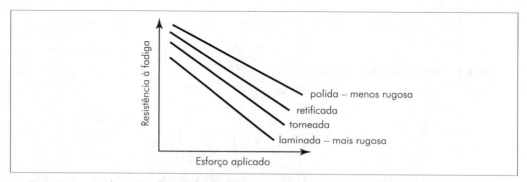

Figura 8.10: Tendência do ciclo de vida das peças, de acordo com o processo de fabricação.

Para a avaliação da rugosidade há diversos parâmetros, mas necessita-se a conceituação de alguns termos antes da apresentação dos mais usuais.

SUPERFÍCIE GEOMÉTRICA: Superfície ideal prescrita no projeto, na qual não existem erros de forma ou acabamento. Na realidade, tal superfície não existe, trata-se apenas de uma referência (Figura 8.11).

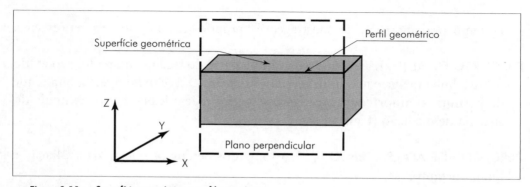

Figura 8.11: Superfície geométrica e perfil geométrico.

Rugosidade das Superfícies

PERFIL GEOMÉTRICO: É a intersecção de uma superfície ideal com um plano perpendicular. Como observa-se na Figura 8.11, tal intersecção originará uma linha reta perfeita.

SUPERFÍCIE REAL: Superfície que limita o corpo e o separa do meio que o envolve. É a superfície que resulta do método empregado na sua produção. Esta é a superfície que pode ser vista e tocada (Figura 8.12).

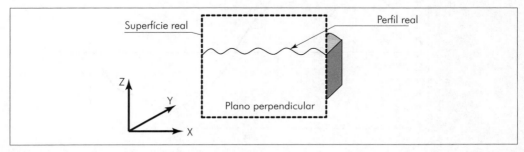

Figura 8.12: Superfície real e perfil real.

PERFIL REAL: É a intersecção de uma superfície real com um plano perpendicular. Neste caso o plano imaginário cortará a superfície que resultou do método de fabricação e originará uma linha irregular (Figura 8.12).

SUPERFÍCIE EFETIVA: Superfície avaliada pela técnica de medição, com forma aproximada da superfície real de uma peça. É a superfície apresentada e analisada pelo aparelho de medição, porém existem diferentes sistemas e condições de medição que apresentam diferentes superfícies efetivas.

PERFIL EFETIVO: É a imagem aproximada do perfil real, obtido por meio de avaliação ou medição (Figura 8.13).

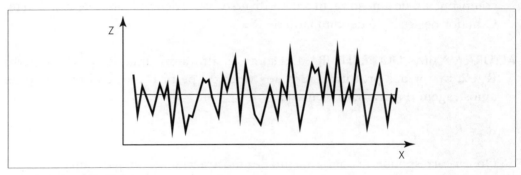

Figura 8.13: Perfil efetivo

COMPRIMENTO REAL DO PERFIL NO NÍVEL C ($Ml_{(c)}$): É a soma dos comprimentos nas seções que interceptam um elemento do perfil por uma linha paralela ao eixo x, a um dado nível c (Figura 8.14).

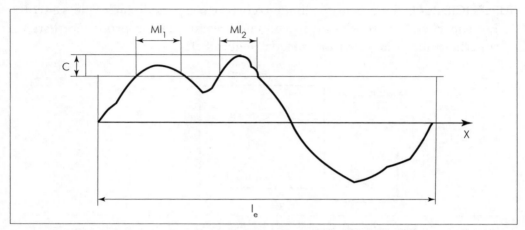

Figura 8.14: Comprimento portante ($Ml_c = Ml_1 + Ml_2$), a um dado nível de corte "c".

8.2 PRINCIPAIS PARÂMETROS DE RUGOSIDADE

8.2.1 Parâmetros de amplitude (pico e vale)

ALTURA MÁXIMA DO PICO DO PERFIL (R_p): É a altura do maior pico do perfil de rugosidade, dentro do comprimento de amostragem (Figura 8.15), ou seja, no comprimento de amostragem têm-se diversos picos denominados de Z_{p1}, Z_{p2} etc. O maior destes Z_{ps} é denominado de R_p;

PROFUNDIDADE MÁXIMA DO VALE DO PERFIL (R_v): É a maior profundidade do vale do perfil, no comprimento de amostragem (Figura 8.15), ou seja, no comprimento de amostragem têm-se diversos vales denominados de Z_{v1}, Z_{v2} etc. O maior destes Z_{vs} é denominado de R_v;

ALTURA MÁXIMA DO PERFIL (R_z): É a soma da altura máxima dos picos do perfil R_p e a maior das profundidades dos vales do perfil R_v, no comprimento de amostragem (Figura 8.15), ou seja:

$$R_{zi} = R_{pi} + R_{vi} \qquad (8.3)$$

Onde i corresponde ao comprimento de amostragem. Assim, para uma condição em que se tem cinco comprimentos de amostragem, obtêm-se:

Rugosidade das Superfícies

$R_{z1} = R_{p1} + R_{v1}$
$R_{z2} = R_{p2} + R_{v2}$
$R_{z3} = R_{p3} + R_{v3}$
$R_{z4} = R_{p4} + R_{v4}$
$R_{z5} = R_{p5} + R_{v5}$

Para a condição em que o comprimento de avaliação corresponde a cinco vezes o comprimento de amostragem o R_z médio correspondente aos cinco comprimentos de amostragem, é dado por:

$$R_z = \frac{R_{z1} + R_{z2} + \ldots R_{z5}}{5} \tag{8.4}$$

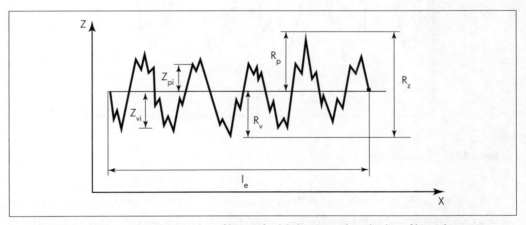

Figura 8.15: Altura máxima dos picos do perfil R_p; profundidade máxima dos vales do perfil R_v e altura máxima do perfil R_z; todas avaliadas no comprimento de amostragem.

ALTURA TOTAL DO PERFIL (R_t): É a soma da maior altura de pico do perfil R_p e da maior profundidade do valor do perfil R_v, no comprimento de avaliação l_n, portanto, sempre $R_t \geq R_z$.

8.2.2 Parâmetro de amplitude (média das ordenadas)

DESVIO ARITMÉTICO MÉDIO DO PERFIL AVALIADO (R_a): Corresponde à média aritmética dos valores absolutos das ordenadas $Z(x)$, em relação à linha média, no comprimento de avaliação. Assim se forem colocados acima da linha média todos os valores do perfil de rugosidade e for calculada a nova linha média, obtém-se o valor de R_a (Figura 8.16). Matematicamente, a expressão que representa R_a é dada por:

$$R_a = \frac{1}{n}\sum_{i=1}^{n}|Z_i|$$ (8.5)

Ou,

$$R_a = \frac{1}{l_n}\int_{0}^{l_n}|Z(x)|dx$$ (8.6)

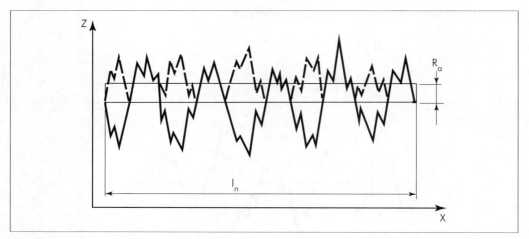

Figura 8.16: Determinação de R_a.

O parâmetro R_a é o mais utilizado, todavia não é afetado significativamente por desvios individuais, podendo não levar em conta picos ou vales com valores elevados (Figura 8.17).

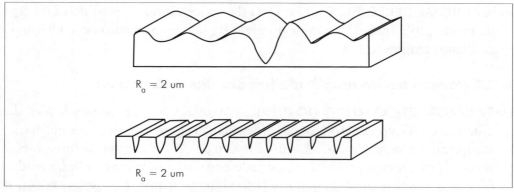

Figura 8.17: Perfis de rugosidade diferentes, mas com o mesmo valor de R_a.

Rugosidade das Superfícies

DESVIO MÉDIO QUADRÁTICO DO PERFIL AVALIADO (R_q): Corresponde à raiz quadrada da média dos valores das ordenadas Z(x) no comprimento de avaliação, e, corresponde a cerca de 1,25 vezes o valor de R_a. É determinado por:

$$R_q = \sqrt{\frac{1}{l_n} \int_0^{l_n} Z^2(x)\,dx} \tag{8.7}$$

Ou,

$$R_q = \sqrt{\frac{1}{l_n} \sum_{i=1}^{n} Z_i^2} \tag{8.8}$$

8.2.3 Parâmetros de espaçamento

LARGURA MÉDIA DOS ELEMENTOS DO PERFIL (R_{sm}): Valor médio da largura dos elementos do perfil, X_s, no comprimento de avaliação (Figura 8.18). É dada por:

$$RS_m = \frac{1}{n} \sum_{i=1}^{n} X_{s_i} \tag{8.9}$$

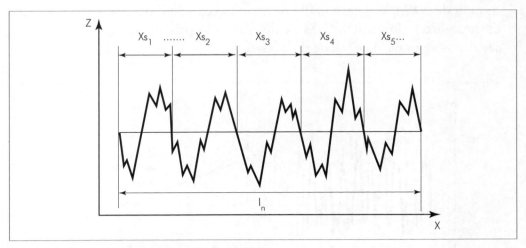

Figura 8.18: Largura média dos elementos do perfil.

8.2.4 Curvas e parâmetros relacionados

RAZÃO MATERIAL DO PERFIL $R_{mr}(c)$: Razão do comprimento material do elemento de um perfil $M_l(c)$, a um dado nível "c" do comprimento de avaliação (Figura 8.14). É dado por:

$$R_{mr}(c) = \frac{100}{l_n} \sum_{i=1}^{m} M_{l_i(c)} \qquad (8.10)$$

Ou seja,

$$R_{mr}(c) = \frac{1}{l_n}(M_{l1} + M_{l2} + \ldots) * 100\% \qquad (8.11)$$

CURVA DA RAZÃO PORTANTE DO PERFIL (CURVA DE ABBOT-FIRESTONE): Curva que representa a razão do comprimento material com uma função de nível (Figura 8.19). Indica a quantidade de material R_{mr} em relação ao nível de corte "c". Na curva da razão portante do perfil (curva de Abbot-Firestone), uma linha retilínea divide-a em três áreas, das quais surgem os parâmetros:

R_k: é a rugosidade do núcleo do perfil;
R_{pk}: é a média dos picos acima da rugosidade do núcleo do perfil;
R_{vk}: é a média dos vales abaixo da rugosidade do núcleo do perfil.

M_{r1} e M_{r2}: São a menor e maior quantidade de material da rugosidade do perfil de contato. O M_{r1} é determinado pela intersecção da linha que separa os picos da rugosidade do núcleo. O M_{r2} é determinado pela intersecção da linha que separa os vales da rugosidade do núcleo.

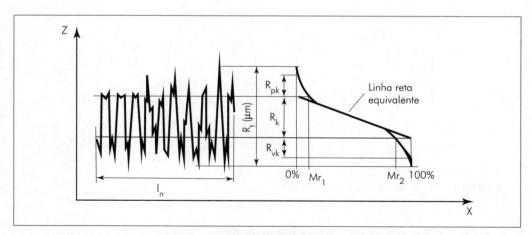

Figura 8.19: Curva de Abbot-Firestone e parâmetros estudados.

A escolha de um ou outro parâmetro de rugosidade para caracterizar a peça deve ser adaptada exclusivamente ao caráter funcional. Por essa razão seria errôneo

Rugosidade das Superfícies

fixar-se como medida preferencial um determinado parâmetro, sem levar em conta o aspecto funcional da peça. Por exemplo, seria insuficiente controlar-se uma área de vedação na qual pontos isolados individuais podem provocar uma permeabilidade com o valor R_a, visto que esta medida não representa nenhum ponto isolado. Neste caso, seria mais lógico adotar-se o valor R_t. Em contrapartida, é errôneo adotar-se o valor R_t para uma superfície porosa, sendo que neste caso, é mais conveniente adotar-se o parâmetro R_a ou R_z.

8.3 DETERMINAÇÃO DO COMPRIMENTO DE AMOSTRAGEM ("CUT-OFF")

Para perfis que resultam periódicos (torneamento), recomenda-se a utilização da Tabela 8.1 para a escolha do comprimento de amostragem e demais parâmetros. A distância entre sulcos corresponde, aproximadamente, ao avanço e pode ser obtida com um registro provisório de cerca de dez ranhuras, por exemplo.

Tabela 8.1: Determinação do comprimento de amostragem, de acordo com a distância entre sulcos.

Distância entre sulcos (mm)	l_e (mm)	l_n (mm)
De 0,01 até 0,032	0,08	0,4
De 0,032 até 0,1	0,25	1,25
De 0,1 até 0,32	0,8	4
De 0,32 até 1	2,5	12,5
De 1 até 3,2	8	40

Para perfis nos quais não se consegue ver a periodicidade da ondulação, principalmente as superfícies obtidas por processo de retificação, conformação mecânica etc., sugere-se a utilização das Tabelas 8.2 e 8.3 para a determinação de R_a e R_z.

Tabela 8.2: Determinação do comprimento de amostragem para perfis aperiódicos, para determinação de R_a.

Rugosidade R_a (µm)	l_e (mm)	l_n (mm)
Até 0,1	0,25	1,25
De 0,1 até 2	0,8	4
De 2 até 10	2,5	12,5
Acima de 10	8	40

Tabela 8.3: Determinação do comprimento de amostragem, para determinação de R_z.

Rugosidade R_z (µm)	l_e (mm)	l_n (mm)
Até 0,5	0,25	1,25
De 0,5 até 10	0,8	4
De 10 até 50	2,5	12,5
Acima de 50	8	40

8.4. INDICAÇÃO DO ESTADO DA SUPERFÍCIE EM DESENHOS TÉCNICOS

A característica principal da rugosidade média R_a pode ser indicada pelos números da classe de rugosidade correspondente, conforme a Tabela 8.4.

Tabela 8.4: Característica da rugosidade R_a.

Classe de rugosidade	Desvio médio aritmético R_a (µm)
N12	50
N11	25
N10	12,5
N09	6,3
N08	3,2
N07	1,6
N06	0,8
N05	0,4
N04	0,2
N03	0,1
N02	0,05
N01	0,03

A indicação do estado de superfície usada anteriormente (Quadro 8.1), não deve mais ser empregada, devendo-se adotar-se a simbologia indicada nos Quadros 8.2, 8.3 e 8.4.

Rugosidade das Superfícies

151

Quadro 8.1: Simbologia adotada anteriormente para se caracterizar o estado da superfície.

▽▽▽	Retificado	$R_a = 0,1 - 0,16 - 0,25 - 0,4$ (μm)
▽▽	Usinado em acabamento	$R_a = 0,8 - 1,0 - 1,6 - 2,5 - 4,0 - 6,0$ (μm)
▽	Usinado em desbaste	$R_a = 10 - 16 - 25$ (μm)
∿	Superfície em bruto	$R_a > 25$ (μm)

Quadro 8.2: Simbologia adotada para a caracterização do estado da superfície (sem indicações).

Símbolo	Significado
∨	Símbolo básico. Só pode ser usado quando seu significado for complementado por uma indicação.
▽	Caracterização de uma superfície usinada sem maiores detalhes.
○∨	Caracteriza uma superfície na qual a remoção de material não é permitida e indica que a superfície deve permanecer no estado resultante de um processo de fabricação anterior, mesmo se esta tiver sido obtida por usinagem ou outro processo qualquer.

Quadro 8.3: Simbologia adotada para a caracterização do estado da superfície (com indicações da característica principal da rugosidade, R_a).

	Símbolo		Significado
A	remoção do material é		
facultativa	exigida	não permitida	
$3,2$/ ∇ ou N8/ ∇	$3,2$/ ▽ ou N8/ ▽	$3,2$/ ○∨ ou N8/ ○∨	Superfície com uma rugosidade máxima de $R_a = 3,2$ μm
$6,3$ N9 $1,6$/ N7/ ∇ ou ∇	$6,3$ N9 $1,6$/ N7/ ▽ ou ▽	$6,3$ N9 $1,6$/ N7/ ○∨ ou ○∨	Superfície com uma rugosidade de valor Máximo: $R_a = 6,3$ μm Mínimo: $R_a = 1,6$ μm

Quadro 8.4: Simbologia adotada para a caracterização do estado da superfície (com indicações complementares).

Símbolo	Significado
Fresado	Processo de fabricação: fresamento
2,5	Comprimento da amostragem = 2,5 mm
⊥	Direção das estrias: perpendicular ao plano de projeção da vista
2	Sobrematerial para remoção = 2 mm
(R_t = 0,4)	Indicação (entre parênteses) de outro parâmetro de rugosidade diferente de R_a, por exemplo R_t = 0,4 μm (segundo NBR 8404/1984)

Obs.: segundo a norma EN ISO 1302:2002, o símbolo do parâmetro de rugosidade deve sempre ser indicado como no exemplo da Figura 8.20.

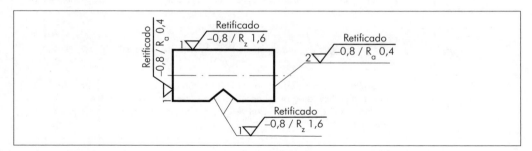

Figura 8.20: Representação do estado da superfície segundo norma EN ISO 1302:2002, em que –0,8 representa o comprimento de amostragem a ser utilizado.

No que se refere às estrias, as mais utilizadas estão indicadas na Figura 8.21.

Símbolo	Medição da rugosidade
⊥ / Direção das estrias	Perpendicular à direção das estrias
= / Direção das estrias	Perpendicular à direção das estrias

Figura 8.21: Símbolos das direções mais utilizadas das estrias obtidas na usinagem.

Rugosidade das Superfícies

A Figura 8.22 mostra uma indicação do símbolo de rugosidade, com todas as variáveis possíveis, segundo a NBR 8404 (não necessariamente todas essas variáveis precisam estar indicadas no desenho).

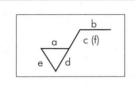

a. Valor da rugosidade (μm), ou classe de rugosidade de N1 até N12;
b. Método de fabricação, tratamento ou revestimento;
c. Comprimento da amostragem em milímetros ("cut off");
d. Direção das estrias;
e. Sobrematerial para usinagem, em milímetros;
f. Outros parâmetros de rugosidade, diferentes de R_a

Figura 8.22: Símbolo de rugosidade, com variáveis possíveis.

A Figura 8.23 apresenta o desenho de uma peça com indicações do estado da superfície, de acordo com o indicado na Figura 8.22.

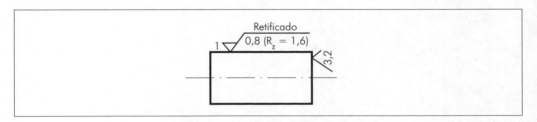

Figura 8.23: Indicação do estado da superfície segundo NBR 8.404.

8.5 RELAÇÃO ENTRE RUGOSIDADE, TOLERÂNCIA DIMENSIONAL E PROCESSOS DE FABRICAÇÃO POR USINAGEM

A Tabela A.8.1 apresenta uma relação aproximada entre os valores dos parâmetros R_a e R_z e os graus de *tolerância-padrão* IT, bem como com os processos de fabricação sugeridos para se obter estes valores.

9
CAPÍTULO

NOÇÕES SOBRE CONTROLE ESTATÍSTICO DO PROCESSO

9.1 INTRODUÇÃO

Uma vez que peças fabricadas possuem tolerâncias e dificilmente duas apresentam exatamente a mesma medida, há de se verificar se o processo está sob controle, para que a variação entre elas esteja dentro do permissível. Por outro lado, mesmo que aparentemente duas peças sejam iguais, ao se utilizar instrumentos de medição com maior exatidão, variações poderão ser observadas.

As cartas de controle apresentam um método adequado para acompanhar as variações e podem ser aplicadas por atributos ou por variáveis. No método por atributos as características das peças são verificadas, por exemplo, por calibradores de fabricação, que fornecem somente a informação de que o produto está ou não dentro das especificações. No método por variáveis, as dimensões das peças são verificadas por sistemas de medição, informando se o produto está ou não dentro das especificações e qual o valor medido. Neste livro será tratado apenas o método por variáveis.

9.2 CONCEITOS BÁSICOS

CARTAS DE CONTROLE: As cartas de controle servem para analisar se as variações observadas são decorrentes de causas aleatórias de variação ou de causas especiais.

A variação em razão das causas aleatórias é inevitável e sua redução e identificação é mais difícil. A variação devido às especiais é mais fácil de identificar e as causas devem ser eliminadas. Quando os pontos incidem fora dos limites de controle, o processo apresenta causas especiais de variação e está fora de controle. A Figura 9.1 apresenta um exemplo de carta de controle, para a média.

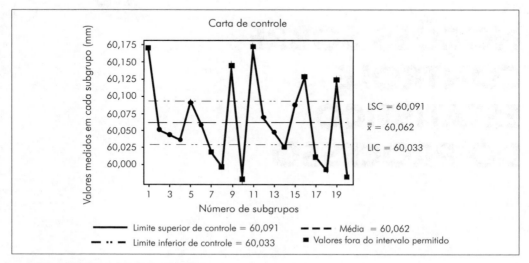

Figura 9.1: Carta de controle para média.

Neste exemplo da Figura 9.1, o eixo horizontal representa o número do subgrupo, no qual se recomenda que cada subgrupo tenha cerca de cinco amostras. O eixo vertical representa a variável que está sendo controlada, neste caso, a dimensão, em mm. No mesmo exemplo, cada ponto da carta de controle representa a média de cinco leituras. A linha cheia no centro representa a média de todas as médias, representada por $\bar{\bar{x}}$. As duas linhas pontilhadas representam os limites superior e inferior de controle (LSC e LIC). Estes limites não representam os limites de tolerância da peça, mas os limites do que o processo é capaz de fazer.

LIMITE INFERIOR DE CONTROLE (LIC) E LIMITE SUPERIOR DE CONTROLE (LSC):

Os limites inferior e superior de controle são determinados a partir dos dados do processo e de simples cálculos estatísticos e refletem a variação esperada de um período para outro. Esses limites não correspondem aos limites especificados (afastamentos inferior e superior), mas aos reflexos da variabilidade do processo (Figura 9.1). Portanto, os limites especificados representam aquilo que se exige no projeto para que o produto possa atender à finalidade para o qual é projetado. Os limites de controle resultam do processo de fabricação empregado e refletem aquilo que o processo é capaz de realizar. Resta, portanto, verificar se

Noções sobre Controle Estatístico do Processo

157

o processo pode ou não atender aos limites especificados. Os limites de controle são calculados como segue:

$$LSC = \bar{\bar{x}} + A_2 * \bar{R} \tag{9.1}$$

$$LIC = \bar{\bar{x}} - A_2 * \bar{R} \tag{9.2}$$

onde:
$\bar{\bar{x}}$: média de todas as médias;
A_2: valor tabelado, conforme Tabela 9.1;
$\bar{R}$: valor médio da amplitude.

MÉDIA: A média é simplesmente o total das observações dividido pelo número de observações. Quando se refere às médias das amostras é representada por $\bar{x}$ e quando se refere à média das médias é indicada por $\bar{\bar{x}}$.

AMPLITUDE: É a medida mais simples da dispersão dos valores medidos. É a diferença entre o maior e o menor valor das observações, portanto, somente leva em conta o maior e o menor valor medido. É indicada pelo símbolo R e quando se refere à amplitude média é representada por $\bar{R}$.

DESVIO PADRÃO: É uma medida de dispersão que considera todos os valores medidos, dando uma boa ideia dos desvios das observações em relação à média. É dada pela expressão:

$$\sigma = \sqrt{\frac{\sum \left(x_i - \bar{\bar{x}}\right)^2}{n-1}} \tag{9.3}$$

onde:
σ: desvio padrão (mm);
x: valor medido de cada peça(mm);
$\bar{\bar{x}}$: média das médias (mm).

O desvio padrão pode ser calculado também pela expressão:

$$\sigma = \frac{\bar{R}}{d_2} \tag{9.4}$$

onde:
d_2: é um valor tabelado em função do número de peças (amostra) que estão dentro de um subgrupo (Tabela 9.1).

Tabela 9.1: Constantes em função do número de peças (amostras) que estão dentro de um subgrupo.

Número de peças no subgrupo	Constante A_2	Constante d_2
2,00	1,88	1,128
3,00	1,02	1,69
4,00	0,73	2,06
5,00	0,58	2,33
6,00	0,48	2,53
7,00	0,42	2,70
8,00	0,37	2,85
9,00	0,34	2,97
10,00	0,31	3,08

Quanto maior for o valor do desvio padrão, maior a "largura" da *distribuição normal* e quanto menor o valor, menor será esta largura, tendo em vista que o desvio padrão representa fisicamente a distância entre o ponto de ordenada máxima (a média) e o ponto em que há a inversão da curvatura, na curva de *distribuição normal* (Figura 9.2).

ANÁLISE DO PROCESSO: A análise do processo, por meio das cartas de controle, permite identificar as causas especiais de variação. Para isso, pode-se dividir a carta de controle em seis faixas, tal como mostrado na Figura 9.2.

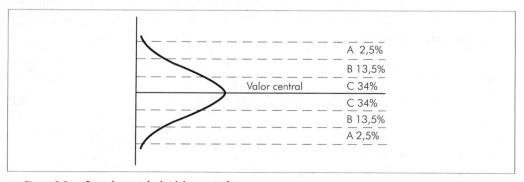

Figura 9.2: Carta de controle dividida em seis faixas.

Pode-se reconhecer oito padrões de anormalidade, que são (Figura 9.3):

Padrão 1: um único ponto acima ou abaixo da região A;
Padrão 2: nove pontos consecutivos acima ou abaixo da linha média;
Padrão 3: seis pontos consecutivos aumentando ou reduzindo;
Padrão 4: 14 pontos consecutivos alternando-se para cima e para baixo;
Padrão 5: dois em três pontos consecutivos, situados na mesma região A;

Noções sobre Controle Estatístico do Processo

Padrão 6: quatro ou cinco pontos consecutivos situados nas regiões A ou B de um mesmo lado do gráfico;
Padrão 7: 15 pontos consecutivos situados nas regiões C, acima ou abaixo da linha média;
Padrão 8: oito pontos consecutivos de ambos os lados da linha média, com nenhum ponto situado na região C.

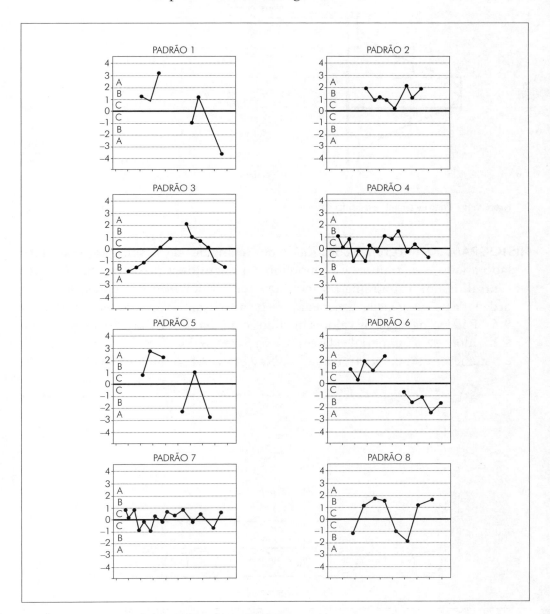

Figura 9.3: Padrões de anormalidade de um processo.

Assim, em um processo estável, é esperado que uma certa porcentagem de peças (68,26%) esteja localizada próxima ao centro, ou seja, dentro de ± um desvio padrão. Aproximadamente 95,48% dos dados devem cair dentro de ± dois desvios padrão e 99,73% devem cair dentro de ± três desvios padrão (Figura 9.4).

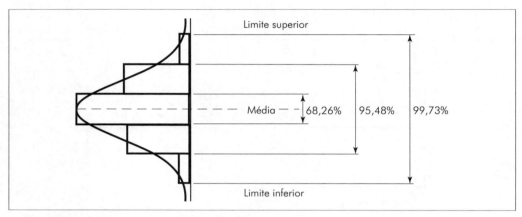

Figura 9.4: Carta de controle e a distribuição normal.

HISTOGRAMA: É um gráfico constituído por retângulos de mesma base, colocados lado a lado e cuja altura é proporcional à quantidade a representar. O valor central de um histograma normal deve ser o valor médio. Representa-se na ordenada as frequências das medidas e na abscissa, os valores medidos (Figura 9.5). Pode-se agrupar os valores medidos em intervalos, segundo a sugestão: $n \leq 25$ adota-se o número de classes K = 5; para $n \geq 25$, adota-se K = $\sqrt{n}$, onde n é o número total de peças avaliadas. Na Figura 9.5, o número de classes é 12.

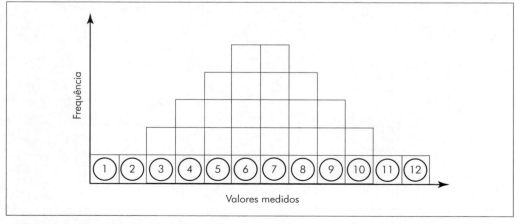

Figura 9.5: Representação de histograma.

Noções sobre Controle Estatístico do Processo

DISTRIBUIÇÃO NORMAL: A distribuição normal é um tipo particular de histograma, determinado a partir dele (Figura 9.6).

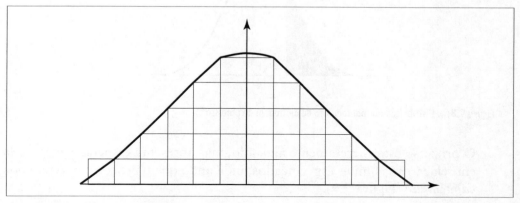

Figura 9.6: Distribuição normal.

Com relação à distribuição normal, aos limites especificados e ao desvio padrão, pode-se ter os seguintes casos, isolados ou combinados entre si:

a) O processo apresenta uma dispersão adequada e está corretamente centrado, de modo que as peças produzidas estão dentro dos campos de tolerância (Figura 9.7).

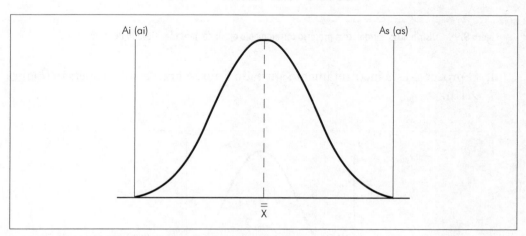

Figura 9.7: Distribuição normal com ajustagem correta do processo.

b) O processo tem um erro de ajustagem, porém apresenta uma boa dispersão em relação à média. Deve-se ajustar o processo (Figura 9.8).

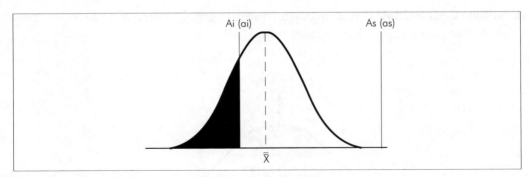

Figura 9.8: Distribuição normal com erro de ajustagem do processo.

c) O processo está corretamente ajustado, mas apresenta dispersão exagerada em relação aos limites especificados, indicando que o processo não tem boa *capacidade* (Figura 9.9).

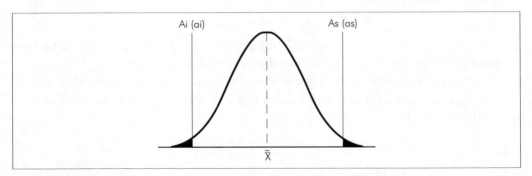

Figura 9.9: Distribuição normal, com processo corretamente ajustado, mas com elevada dispersão.

d) O processo está incorretamente ajustado e apresenta elevada dispersão (Figura 9.10).

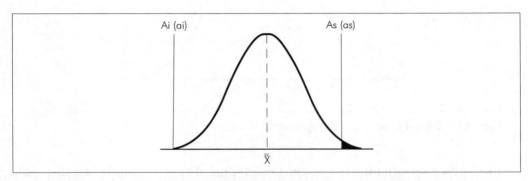

Figura 9.10: Distribuição normal de um processo incorretamente ajustado e com elevada dispersão.

e) O processo está corretamente ajustado e tem boa dispersão, porém a qualidade do processo é muito superior às necessidades do produto (Figura 9.11).

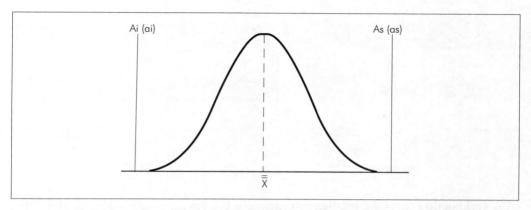

Figura 9.11: Distribuição normal, com ajustagem correta do processo, boa dispersão e qualidade do processo muito superior ao necessário.

PADRÕES DE PROCESSO: O processo de fabricação é avaliado pela aptidão do processo ou da máquina ao fabricar determinados componentes dentro dos limites especificados. Convenciona-se que o processo ou o equipamento seja capaz de produzir peças, de tal forma que 99,73% das peças produzidas estejam dentro das especificações, ou seja, dentro do desvio padrão $\bar{\bar{x}} \pm 3\sigma$, a partir da média (Figura 9.12).

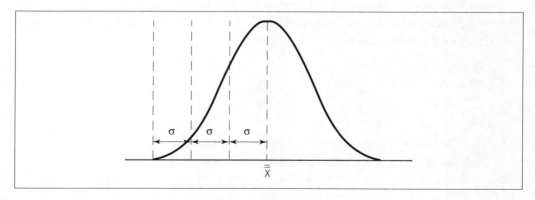

Figura 9.12: Distribuição normal com processo dentro de $\pm 3\sigma$.

A Tabela 9.1 apresenta a porcentagem de peças dentro dos limites especificados (sem defeitos) em função de σ.

164

Introdução à Engenharia de Fabricação Mecânica

Tabela 9.1: Porcentagem de peças dentro dos limites especificados, em função do desvio padrão.

Intervalo	Porcentagem de peças (%)
x ± 0,67σ	50,00
x ± 1,00σ	68,26
x ± 1,96σ	95,00
x ± 2,00σ	95,46
x ± 3,00σ	99,73
x ± 3,09σ	99,80
x ± 4,00σ	99,99

A aptidão do processo é medida por meio dos índices de capacidade e capabilidade, todavia a determinação destes índices somente deve ser feita quando o processo já estiver sob controle estatístico, eliminadas todas as causas identificáveis, ficando o processo somente sob efeito das causas aleatórias. O processo sob controle pressupõe que a distribuição seja normal e estável, ou seja, a média e o desvio padrão se mantém constantes.

CAPACIDADE DO PROCESSO: A capacidade do processo é a capacidade que o processo tem, por convenção, de produzir peças em que apenas uma pequena porcentagem (cerca de 0,27%) sairão fora da tolerância. Portanto, o processo estará dentro do intervalo $\bar{\bar{x}} \pm 3\sigma$ (*vide* Tabela 9.1), ou, 6σ, no total.

Assim, é considerada capacidade do processo a faixa na qual se situam 99,73% das peças produzidas, ou seja, dentro de 6σ (Figura 9.12). A capacidade do processo é determinada por:

$$CP = t \geq 6\sigma \quad \therefore \quad CP = \frac{t}{6\sigma} \geq 1 \tag{9.5}$$

onde:

CP: capacidade do processo, medida em índice;

t: tolerância da peça (em milímetros, por exemplo);

σ: desvio padrão (na mesma unidade que t, em milímetros, por exemplo).

Se a tolerância for $t = 6\sigma$, a capacidade do processo será igual a 1. Todavia, um processo de fabricação nunca é totalmente estável, sempre há certa oscilação (Figura 9.13), o que faz com que peças excedam os limites de fabricação, aumentando o número de peças rejeitadas.

Noções sobre Controle Estatístico do Processo

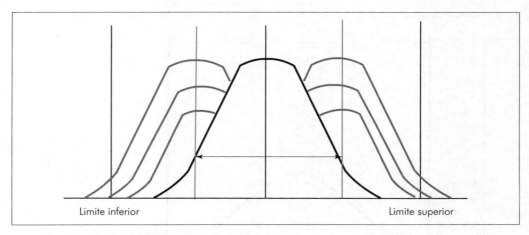

Figura 9.13: Oscilação da média do processo.

Dessa forma, há necessidade de uma certa folga para acomodar essa oscilação. Considera-se adequada uma folga de 2σ, ou seja, é desejável que a tolerância t seja igual ou maior que 8σ. Assim, a capacidade CP do processo passa a ser:

$$CP = \frac{t}{6\sigma} = \frac{8\sigma}{6\sigma} = 1,33$$

Ou seja, ajusta-se o processo para fabricar peças com 75% da tolerância especificada ($\frac{1}{0,75} = 1,33$).

A Tabela 9.2 mostra o índice de capacidade CP e o número aproximado de peças defeituosas em um milhão (ver também Figuras 9.14, 9.15 e 9.16).

Tabela 9.2: Índice de capacidade CP e número aproximado de peças defeituosas por milhão (ppm)

CP	% de peças defeituosas	ppm
0,81	0,736	7.363
1,01	0,122	1.221
1,33	0,003	31,7

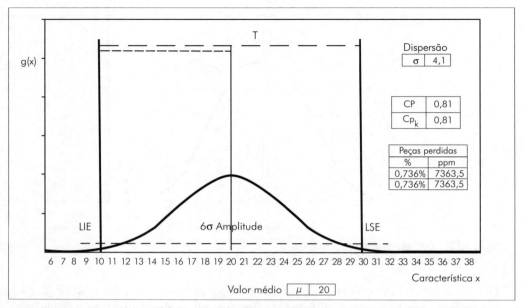

Figura 9.14: Número de peças defeituosas para um CP e CP_k de 0,81 em que LIE e LSE representam respectivamente os limites inferior e superior de especificação.

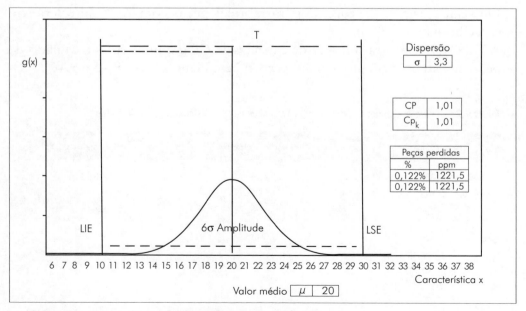

Figura 9.15: Número de peças defeituosas para um CP e CP_k de 1,01.

Noções sobre Controle Estatístico do Processo

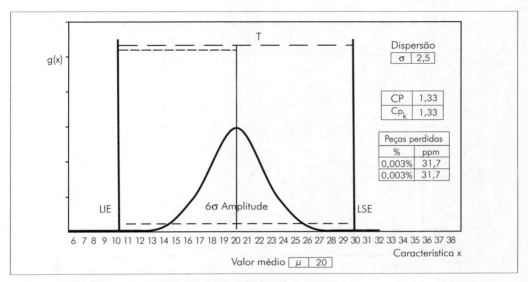

Figura 9.16: Número de peças defeituosas para um CP e CP_k de 1,33.

Por exemplo, uma oscilação de 10% da média do processo para mais, representaria, para um $CP = 1,01$, um aumento de número de peças, defeituosas de 1.221 para cerca de 7.670 ppm. Já para um $CP = 1,33$, esta mesma oscilação representaria um aumento de 31,7 para cerca de 690 ppm (Figuras 9.17 e 9.18).

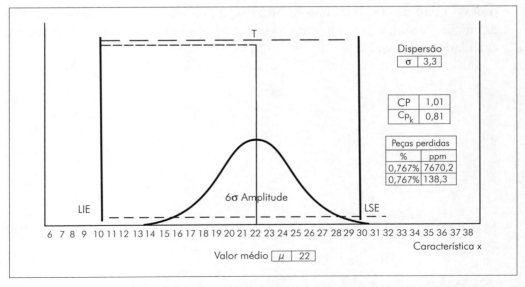

Figura 9.17: Oscilação de 10% da média do processo para um $CP = 1,01$. Isso resulta em um CP_k de 0,81 e de 7.670,2 ppm.

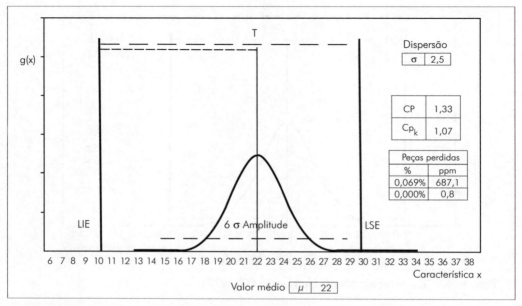

Figura 9.18: Oscilação da média do processo para um CP = 1,33. Isso resulta em um CP_k de 1,07 e de 687,1 ppm.

CAPABILIDADE DO PROCESSO: Somente a determinação da capacidade do processo não é suficiente para se definir o processo, pois a capacidade do processo indica que o processo é capaz de produzir as peças dentro da tolerância especificada, todavia, não indica se há necessidade de ajustar a média do processo ou reduzir o desvio padrão, ou seja, não informa se o processo está centrado em torno da média. Assim, é definido um índice denominado capabilidade do processo, calculado como segue:

$$C_{pk_1} = \frac{\bar{\bar{x}} - D_{mín}}{3\sigma} \tag{9.6}$$

ou

$$C_{pk_1} = \frac{\bar{\bar{x}} - d_{mín}}{3\sigma} \tag{9.7}$$

$$C_{pk_2} = \frac{D_{máx} - \bar{\bar{x}}}{3\sigma} \tag{9.8}$$

ou

$$C_{pk_2} = \frac{d_{máx} - \bar{\bar{x}}}{3\sigma} \tag{9.9}$$

Noções sobre Controle Estatístico do Processo

onde:
$D_{mín}/d_{mín}$: dimensão mínima do furo ou do eixo (mm);
$D_{máx}/d_{máx}$: dimensão máxima do furo ou do eixo (mm);
$\bar{\bar{x}}$:   média das médias (mm);
σ: desvio padrão (mm).

A capabilidade do processo é o resultado do menor valor calculado pelas expressões (9.6 ou 9.7) e (9.8 ou 9.9). Utilizando-se do mesmo raciocínio utilizado para a capacidade do processo, afirma-se que um processo tem boa capabilidade quando o menor valor C_{pk} calculado por meio das expressões acima, for maior que 1,33. O processo estará centrado em torno da média, quando os valores de C_{pk} calculados forem iguais.

A Figura 9.19 mostra o resultado de um processo, que embora tenha uma boa capacidade (CP ≥ 1,33), uma vez que o desvio padrão é pequeno e constante, poderá produzir peças fora da especificação, tendo em vista que a média do processo não está ajustada (os valores C_{pk1} e C_{pk2} em alguns casos são muito desiguais).

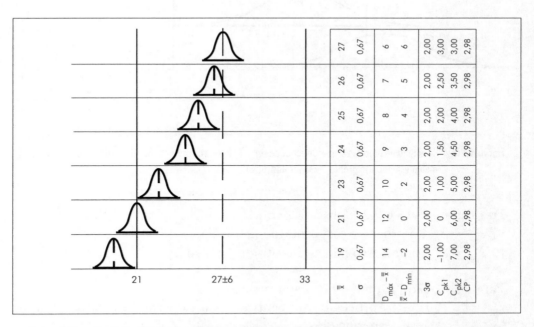

Figura 9.19: Resultado de processo com boa capacidade, mas capabilidades variáveis, tendo em vista que a média das peças medidas oscilou muito em relação à média esperada (o gráfico é apenas ilustrativo).

A Figura 9.20 mostra o resultado de um processo, que tendo em vista os valores do desvio padrão variáveis, tem uma capacidade de processo variável, sendo em alguns casos, um processo não capaz.

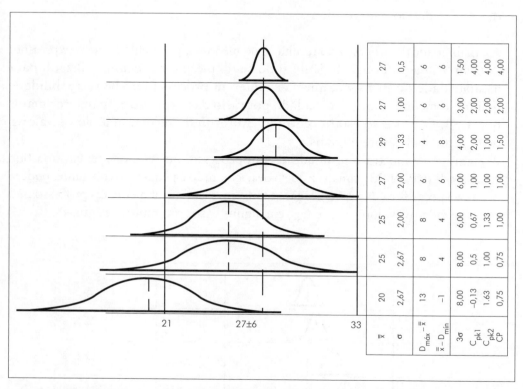

Figura 9.20: Resultado de processo com capacidades e capabilidades variáveis em função do desvio padrão e da média esperada (o gráfico é apenas ilustrativo).

Das Figuras 9.19 e 9.20, observa-se que quando:
a) $c_{pk_1} = c_{pk_2}$, o processo está centrado na média;
b) $c_{pk_1} \neq c_{pk_2}$, o processo não está centrado na média.

Para a situação "a", têm-se os seguintes casos:

$c_{pk_1} = c_{pk_2} < 1$: o processo está centrado, mas operando fora dos limites especificados.

$c_{pk_1} = c_{pk_2} = 1$: o processo está centrado e operando dentro do limite total especificado (100% da tolerância), sem folga;

$c_{pk_1} = c_{pk_2} = 1,33$: o processo está centrado e operando dentro de 75% do limite total especificado, ou seja, o processo está operando dentro de $\frac{3}{4}$ da tolerância, com uma folga de 25%.

Noções sobre Controle Estatístico do Processo

CAPABILIDADE DE MÁQUINA: A capabilidade de máquina é determinada da mesma forma que a capabilidade do processo, mudando-se apenas o número de peças a serem avaliadas. Desta forma, adota-se os seguintes critérios (Quadro 9.1):

Quadro 9.1: Capacidade do processo, capabilidade de máquina e capabilidade de processo.

	Capacidade do Processo	Capabilidade de Máquina	Capabilidade de Processo
Duração	uma semana	não avaliável	uma semana
N° de peças	* 25 subgrupos	10 peças seguidas	* 25 subgrupos
* Recomenda-se que cada subgrupo tenha cinco peças.			

A capabilidade de máquina é um levantamento rápido feito na máquina com o objetivo de determinar se a máquina está adequada para levantamentos mais longos. A capabilidade, bem como a capacidade do processo, é determinada em um período da ordem de uma semana sob condições normais de produção, de maneira a avaliar os efeitos de diferentes operadores, trocas e ajustes de ferramentas, diferentes lotes de material da peça e outras variações que possam ocorrer durante o processo produtivo.

9.2.1 Exemplo

1) Para os dados levantados a seguir (Quadro 9.2), para a medida 40H9, determinar:
   a) A carta de controle;
   b) O histograma;
   c) A capacidade e a capabilidade do processo.

O Quadro 9.2 apresenta os resultados de 125 medidas.

Quadro 9.2: Valores medidos para a dimensão 40 H9.

		Leitura dos valores					Soma	Média	Amplitude
		a	b	c	d	e			
	1	40,044	40,028	40,026	40,042	40,035	200,175	40,035	0,018
	2	40,040	40,042	40,016	40,034	40,033	200,165	40,033	0,026
Subgrupo	3	40,020	40,040	40,058	40,040	40,042	200,200	40,040	0,038
	4	40,030	40,048	40,024	40,026	40,032	200,160	40,032	0,024
	5	40,032	40,030	40,024	40,024	40,039	200,149	40,030	0,015
	6	40,060	40,028	40,028	40,038	40,038	200,192	40,038	0,032

Quadro 9.2 (continuação): Valores medidos para a dimensão 40 H9.

		Leitura dos valores				Soma	Média	Amplitude
	a	b	c	d	e			
7	40,032	40,040	40,020	40,022	40,026	200,140	40,028	0,020
8	40,038	40,030	40,036	40,018	40,028	200,150	40,030	0,020
9	40,030	40,046	40,010	40,044	40,035	200,165	40,033	0,036
10	40,046	40,022	40,024	40,036	40,032	200,160	40,032	0,024
11	40,032	40,040	40,034	40,042	40,037	200,185	40,037	0,010
12	40,034	40,052	40,048	40,016	40,040	200,190	40,038	0,036
13	40,050	40,040	40,054	40,016	40,040	200,200	40,040	0,038
14	40,026	40,038	40,038	40,020	40,028	200,150	40,030	0,018
15	40,042	40,052	40,042	40,054	40,050	200,240	40,048	0,012
16	40,045	40,044	40,026	40,010	40,034	200,159	40,032	0,035
17	40,036	40,020	40,014	40,032	40,028	200,130	40,026	0,022
18	40,028	40,030	40,034	40,038	40,030	200,160	40,032	0,010
19	40,032	40,020	40,040	40,036	40,032	200,160	40,032	0,020
20	40,028	40,034	40,010	40,036	40,027	200,135	40,027	0,026
21	40,032	40,042	40,044	40,036	40,046	200,200	40,040	0,014
22	40,034	40,036	40,032	40,027	40,036	200,165	40,033	0,009
23	40,048	40,032	40,034	40,046	40,035	200,195	40,039	0,016
24	40,040	40,036	40,020	40,032	40,032	200,160	40,032	0,020
25	40,034	40,038	40,037	40,034	40,032	200,175	40,035	0,006
Média	40,037	40,036	40,031	40,032	40,035	200,170	40,034	0,022

(coluna vertical: Subgrupo)

Resolução:

O furo 40 H9 tem as seguintes dimensões (Tabela A.4.1):

$$D_{máx} = 40,062 \text{ mm} \quad \text{e} \quad D_{mín} = 40,000 \text{ mm}$$

Noções sobre Controle Estatístico do Processo

Dos valores observados, são determinados os valores médios, as amplitudes e as médias das médias e a média das amplitudes, conforme o Quadro 9.2.

A partir desses dados, são levantadas as cartas de controle e o histograma conforme Figuras 9.21 e 9.22. O histograma pode ter 11 intervalos, tendo em vista que o número de observações é de 125 e para n > 25, pode-se adotar o número de classes $K = \sqrt{n}$.

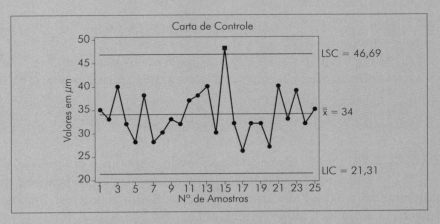

Figura 9.21: Carta de controle para os valores observados.

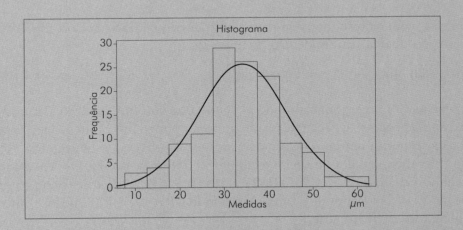

Figura 9.22: Histograma para os valores observados.

Nas Figuras 9.21 e 9.22, os valores indicados foram em μm, ou seja, apenas a variação em relação à dimensão nominal de 40,000 mm. Assim, o valor médio mostrado na Figura 9.21 é de 40,034 mm, o LSC = 40,047 e LIC = 40,021 mm.

Para os cálculos de CP, C_{Pk1} e C_{Pk2} são utilizadas as expressões (9.5), (9.6), (9.7), (9.8) e (9.9).

O desvio padrão é determinado pela expressão (9.4), como segue:

$$\sigma = \frac{\bar{R}}{d_2}$$

Onde $\bar{R}$ é igual a 0,022 mm e d_2, de acordo com a Tabela 9.1 é igual à 2,33, resultando, portanto, para σ o valor de 0,00944 mm.

Para o cálculo de CP, utiliza-se o valor de t, que no caso do exemplo vale 0,062 mm. Dessa forma, obtêm-se para a capacidade e para a capabilidade os valores a seguir:

$$CP = 1,09; \; C_{Pk1} = 1,20 \text{ e } C_{Pk2} = 0,98.$$

COMENTÁRIOS: De acordo com o convencionado, para que o processo seja capaz, 99,73% das peças produzidas devem cair dentro das especificações, ou seja, devem estar dentro dos limites naturais $\bar{\bar{x}} \pm 3\sigma$. Assim, o processo ora analisado apresenta os seguintes limites naturais:

$$\bar{\bar{x}} = 40,034 \text{ mm}; \; \bar{\bar{x}} + 3\sigma = 40,062 \text{ mm}; \; \bar{\bar{x}} - 3\sigma = 40,006 \text{ mm},$$

ou seja, com os resultados da média e do desvio padrão obtidos, 99,73% das peças produzidas cairão dentro do intervalo:

$$D_{mín} = 40,006 \text{ mm}; \; D_{máx} = 40,062 \text{ mm}.$$

Como os valores especificados são $D_{mín} = 40,000$ mm e $D_{máx} = 40,062$ mm, nota-se que o processo é capaz de produzir peças dentro dos limites especificados, mas sem muita margem de segurança, pois o processo está atuando dentro da tolerância igual à $40,062 - 40,006 = 0,056$ mm, ou seja, o processo está atuando dentro de $(0,056/0,062) \times 100 = 90,32\%$ da tolerância total da peça, o que corresponde à uma capacidade CP = 1,09 (1/0,9032), conforme calculado arteriormente.

Para que o processo fosse efetivamente capaz, o mesmo deveria atuar dentro de 75% da tolerância especificada, ou seja, $0,062 \times 0,75 = 0,0465$ mm e não dentro de 0,056 mm. De imediato conclui-se que o desvio padrão está muito elevado e o processo deve ser melhorado, de maneira a reduzir o desvio padrão, ou seja, a amplitude média de variação das medidas deve ser reduzida.

Com relação à média dos subgrupos, deve-se analisar as capabilidades C_{Pk1} e C_{Pk2}, sendo que se as capabilidades forem exatamente iguais, o processo

Noções sobre Controle Estatístico do Processo

apresenta como média exatamente o valor central da tolerância especificada (no caso, 40,031 mm). Se os valores forem muito desiguais, o processo deve ser melhorado, de maneira a ajustar a média do processo.

Supondo-se que fosse possível alterar o processo, de maneira a alterar somente o desvio padrão (situação improvável, uma vez que quando se mexe no processo, se altera todos os parâmetros envolvidos), ter-se-ia:

$$\bar{\bar{x}} - 3\sigma = y$$

$$\bar{\bar{x}} + 3\sigma = z$$

e, $z - y$ tem de ser igual à 0,046 mm, assim:

$$\bar{\bar{x}} + 3\sigma - (\bar{\bar{x}} - 3\sigma) = z - y$$

$$6\sigma = 0,046 \Rightarrow \sigma = 0,0077 \text{ mm}$$

Com este valor do desvio padrão, o processo terá, portanto, uma capacidade igual à CP = 0,062 / 6 × 0,0077 = 1,34, dentro dos padrões convencionais. Resta saber se apenas a alteração no desvio padrão é suficiente para manter o processo dentro da capabilidade convencionada. Assim, com o novo valor do desvio padrão, obtém-se para as capabilidades C_{Pk1} e C_{Pk2} os valores 1,47 e 1,21 respectivamente. Dessa forma, a capabilidade do processo é de 1,22, inferior ao valor convencionado (1,33). Isso significa que também a média do processo deve ser ajustada.

9.3 LIMITES DO PROCESSO E SISTEMAS DE MEDIÇÃO

Como visto anteriormente, para que um processo seja capaz deve ser ajustado com 75% da tolerância da dimensão. Todavia, ainda há um fator a ser levado em consideração, que é a incerteza do sistema de medição que será utilizado. Neste contexto, pode-se associar a palavra incerteza com a palavra dúvida. Todo sistema de medição tem uma incerteza associada, que representa a dúvida a respeito do resultado de medição. A incerteza ideal de um sistema de medição para se quantificar uma dada grandeza é dada pela equação 9.10, uma vez que sistemas de medições possuem desvios que devem ser conhecidos:

$$IM = \frac{IT}{10}$$

(9.10)

Nem sempre este valor ideal é conseguido por razões, inclusive tecnológicas, considerando-se aceitável até um fator de $\frac{1}{5}IT$.

O valor da incerteza de um sistema de medição é obtido por meio da calibração, emitido em certificados rastreáveis em redes credenciadas pelo INMETRO (Instituto Nacional de Metrologia, Qualidade e Tecnologia).

Assim, os valores a serem colocados nos limites, levando-se em conta a incerteza do sistema de medição, devem ser os Limites Inferior e Superior de Aceitação (LIA e LSA). Entre estes e os Limites de Rejeição, se encontra a Incerteza do Sistema de Medição (Figura 9.23).

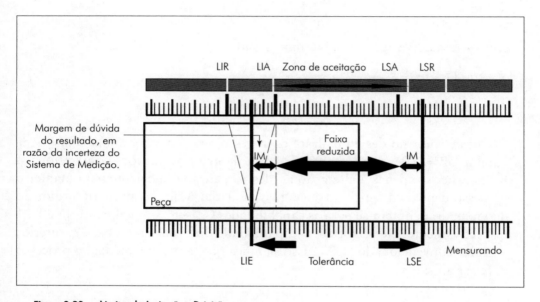

Figura 9.23: Limites de Aceitação e Rejeição.

Esses limites são calculados pelas expressões:

$LSA = LSE - IM$ (9.11)

$LIA = LIE + IM$ (9.12)

$LSR = LSE + IM$ (9.13)

$LIR = LIE - IM$ (9.14)

9.3.1 Exemplo

1) Observando a Figura 9.24, preencha as lacunas da Figura 9.25 com os valores de LIA, LSA, LIR e LSR, para a dimensão nominal de $\varnothing$ 9,5 mm.

Sabendo que o comparador de diâmetros externos possui uma incerteza de 2 μm, preencha LIA, LSA, LIR, LSR e VR (valor de referência situado entre LSE e LIE, normalmente o valor médio entre este intervalo).

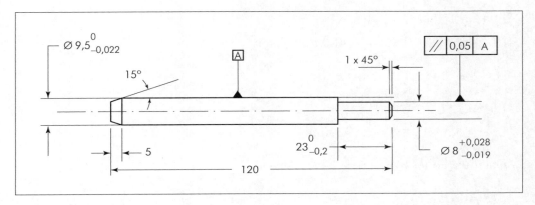

Figura 9.24: Pino guia.

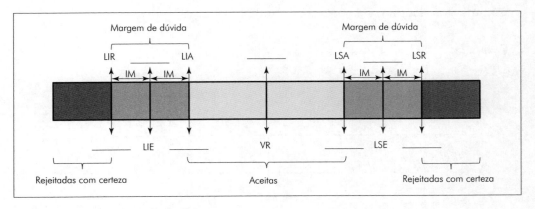

Figura 9.25: Valores do pino.

Resolução:

Observando a Figura 9.23 nota-se que LSE é igual a 9,5 e LIE é igual a 9.478. Sabendo que a incerteza do comparador é de 2 μm, e utilizando-se as expressões (9.11), (9.12), (9.13) e (9.14), calcula-se os valores solicitados:
Da equação (9.11), tem-se:

$LSA = LSE - IM$

$LSA = 9,5 - 0,002 = 9,498$ mm

Da equação (9.12), tem-se:

$LIA = LIE + IM$
$LIA = 9,478 + 0,002 = 9,480$ mm

Da equação (9.13), tem-se:

$LSR = LSE + IM$
$LSR = 9,5 + 0,002 = 9,502$ mm

Da equação (9.14), tem-se:

$LIR = LIE - IM$
$LIR = 9,478 - 0,002 = 9,476$ mm

Assim, completando a Figura 9.25, tem-se (Figura 9.26):

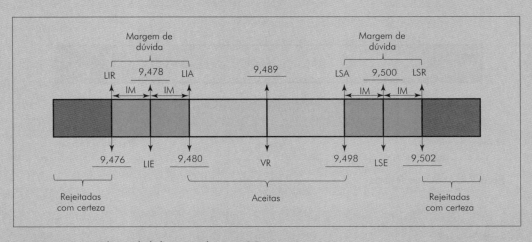

Figura 9.26: Valores calculados para a dimensão 9,5 mm.

Desta forma, com o comparador, valores obtidos abaixo de 9,476 mm e acima de 9,502 mm fazem com que as peças sejam descartadas. Medidas obtidas entre LIA e LIR e LSA e LSR, devem ser refeitas com outro sistema de medição, com incerteza menor. E, valores obtidos entre LIA e LSA devem ser aceitos.

ANEXOS

ANEXOS

Tabela A.2.1: Tolerâncias fundamentais para dimensões até 500 mm.

qualidade	Grupo de Dimensões em milímetros – valores da tabela em micrômetro													
	até 1	de 1 até 3	de 3 até 6	de 6 até 10	de 10 até 18	de 18 até 30	de 30 até 50	de 50 até 80	de 80 até 120	de 120 até 180	de 190 até 250	de 250 até 315	de 315 até 400	de 400 até 500
IT 01	0,3	0,3	0,4	0,4	0,5	0,6	0,6	0,8	1	1,2	2	2,5	3	4
IT 0	0,5	0,5	0,6	0,6	0,8	1	1	1,2	1,5	2	3	4	5	6
IT 1	0,8	0,8	1	1	1,2	1,5	1,5	2	2,5	3,5	4,5	6	7	8
IT 2	1,2	1,2	1,5	1,5	2	2,5	2,5	3	4	5	7	8	9	10
IT 3	2	2	2,5	2,5	3	4	4	5	6	8	10	12	13	15
IT 4	3	3	4	4	5	6	7	8	10	12	14	16	18	20
IT 5	4	4	5	6	8	9	11	13	15	18	20	23	25	27
IT 6	6	6	8	9	11	13	16	19	22	25	29	32	36	40
IT 7	10	10	12	15	18	21	25	30	35	40	46	52	57	63
IT 8	14	14	18	22	27	33	39	46	54	63	72	81	89	97
IT 9	25	25	30	36	43	52	62	74	87	100	115	130	140	155
IT 10	40	40	48	58	70	84	100	120	140	160	185	210	230	250
IT 11	60	60	75	90	110	130	160	190	220	250	290	320	360	400

Grupo de Dimensões em milímetros – valores da tabela em micrômetro

qualidade	até 1	de 1 até 3	de 3 até 6	de 6 até 10	de 10 até 18	de 18 até 30	de 30 até 50	de 50 até 80	de 80 até 120	de 120 até 180	de 190 até 250	de 250 até 315	de 315 até 400	de 400 até 500
IT 12	—	100	120	150	180	210	250	300	350	400	460	520	570	630
IT 13	—	140	180	220	270	330	390	460	540	630	720	810	890	970
IT 14	—	250	300	360	430	520	620	740	870	1.000	1.150	1.300	1.400	1.550
IT 15	—	400	480	580	700	840	1.000	1.200	1.400	1.600	1.850	2.100	2.300	2.500
IT 16	—	600	750	900	1.100	1.300	1.600	1.900	2.200	2.500	2.900	3.200	3.600	4.000

Obs.: os valores "de" são exclusivos, e os valores "até" são inclusivos.

Tabela A.3.1: Afastamentos de referência para eixos – afastamentos superiores μm.

>	≤ (mm)	a	b	c	cd	d	e	ef	f	fg	g	h
0	1	×	×	−60	−34	−20	−14	−10	−6	−4	−2	0
1	3	−270	−140	−60	−34	−20	−14	−10	−6	−4	−2	0
3	6	−270	−140	−70	−46	−30	−20	−14	−10	−6	−4	0
6	10	−280	−150	−80	−56	−40	−25	−18	−13	−8	−5	0
10	14	−290	−150	−95	×	−50	−32	×	−16	×	−6	0
14	18	−290	−150	−95	×	−50	−32	×	−16	×	−6	0
18	24	−300	−160	−110	×	−65	−40	×	−20	×	−7	0
24	30	−300	−160	−110	×	−65	−40	×	−20	×	−7	0
30	40	−310	−170	−120	×	−80	−50	×	−25	×	−9	0
40	50	−320	−180	−130	×	−80	−50	×	−25	×	−9	0
50	65	−340	−180	−140	×	−100	−60	×	−30	×	−10	0
65	80	−360	−200	−150	×	−100	−60	×	−30	×	−10	0

Introdução à Engenharia de Fabricação Mecânica

>	≤ (mm)	a	b	c	cd	d	e	ef	f	fg	g	h
80	100	-380	-220	-170	x	-120	-72	x	-36	x	-12	0
100	120	-410	-240	-180	x	-120	-72	x	-36	x	-12	0
120	140	-460	-260	-200	x	-145	-85	x	-43	x	-14	0
140	160	-520	-280	-210	x	-145	-85	x	-43	x	-14	0
160	180	-580	-310	-230	x	-145	-85	x	-43	x	-14	0
180	200	-660	-340	-240	x	-170	-100	x	-50	x	-15	0
200	225	-740	-380	-260	x	-170	-100	x	-50	x	-15	0
225	250	-820	-420	-280	x	-170	-100	x	-50	x	-15	0
250	280	-920	-480	-300	x	-190	-110	x	-56	x	-17	0
280	315	-1.050	-540	-330	x	-190	-110	x	-56	x	-17	0
315	355	-1.200	-600	-360	x	-210	-125	x	-62	x	-18	0
355	400	-1.350	-680	-400	x	-210	-125	x	-62	x	-18	0
400	450	-1.500	-760	-440	x	-230	-135	x	-68	x	-20	0

Tabela A.3.1 (continuação): Afastamentos de referência para eixos – afastamentos inferiores µm.

>	≤	j5 e j6	j7	j8	k4 à k7 k >7	k ≤3	m	n	p	r	s	t	u	v	x	y	z	za	zb	zc
(mm)																				
0	1	–2	–4	–6	0	0	2	4	6	10	14	x	18	x	20	x	26	32	40	60
1	3	–2	–4	–6	0	0	2	4	6	10	14	x	18	x	20	x	26	32	40	60
3	6	–2	–4	x	1	0	4	8	12	15	19	x	23	x	28	x	35	42	50	80
6	10	–2	–5	x	1	0	6	10	15	19	23	x	28	x	34	x	42	52	67	97
10	14	–3	–6	x	1	0	7	12	18	23	28	x	33	x	40	x	50	64	90	130
14	18	–3	–6	x	1	0	7	12	18	23	28	x	33	39	45	x	60	77	108	150
18	24	–4	–8	x	2	0	8	15	22	28	35	x	41	47	54	63	73	98	136	188
24	30	–4	–8	x	2	0	8	15	22	28	35	41	48	55	64	75	88	118	160	218
30	40	–5	–10	x	2	0	9	17	26	34	43	48	60	68	80	94	112	148	200	274
40	50	–5	–10	x	2	0	9	17	26	34	43	54	70	81	97	114	136	180	242	325
50	65	–7	–12	x	2	0	11	20	32	41	53	66	87	102	122	144	172	226	300	405
65	80	–7	–12	x	2	0	11	20	32	43	59	75	102	120	146	174	210	274	360	480
80	100	–9	–15	x	3	0	13	23	37	51	71	91	124	146	178	214	258	335	445	585

> (mm)	≤ (mm)	j5 e j6	j7	j8	k4 à k7 (k≤3)	k4 à k7 (k>7)	m	n	p	r	s	t	u	v	x	y	z	za	zb	zc
100	120	−9	−15	x	3	0	13	23	37	54	79	104	144	172	210	254	310	400	525	690
120	140	−11	−18	x	3	0	15	27	43	63	92	122	170	202	248	300	365	470	620	800
140	160	−11	−18	x	3	0	15	27	43	65	100	134	190	228	280	340	415	535	700	900
160	180	−11	−18	x	3	0	15	27	43	68	108	146	210	252	310	380	465	600	780	1.000
180	200	−13	−21	x	4	0	17	31	50	77	122	166	236	284	350	425	520	670	880	1.150
200	225	−13	−21	x	4	0	17	31	50	80	130	180	258	310	385	470	575	740	960	1.250
225	250	−13	−21	x	4	0	17	31	50	84	140	196	284	340	425	520	640	820	1.050	1.350
250	280	−16	−26	x	4	0	20	34	56	94	158	218	315	385	475	580	710	920	1.200	1.550
280	315	−16	−26	x	4	0	20	34	56	98	170	240	350	425	525	650	790	1.000	1.300	1.700
315	355	−18	−28	x	4	0	21	37	62	108	190	268	390	475	590	730	900	1.150	1.500	1.900
355	400	−18	−28	x	4	0	21	37	62	114	208	294	435	530	660	820	1.000	1.300	1.650	2.100
400	450	−20	−32	x	5	0	23	40	68	126	232	330	490	595	740	920	1.100	1.450	1.850	2.400
450	500	−20	−32	x	5	0	23	40	68	132	252	360	530	660	820	1.000	1.250	1.600	2.100	2.800

Tabela A.4.1: Campo de tolerâncias para furos (dimensões em mm – valores da tabela em μm).

qualidade	A					B						C			
	9	10	11	12	13	8	9	10	11	12	13	8	9	10	11
mais de 1 até 3	295/270		330/270	370/270	410/270	154/140	154/140	180/140	200/140	240/140	280/140	74/60	85/60	100/60	120/60
mais de 3 até 6	300/270	318/270	345/270	390/270	450/270	158/140	170/140	188/140	215/140	260/140	320/140	88/70	100/70	118/70	145/70
mais de 6 até 10	316/280	338/280	370/280	430/280	500/280	172/150	186/150	208/150	240/150	300/150	370/150	102/80	116/80	138/80	170/80
mais de 10 até 18	333/290	360/290	400/290	470/290	560/290	177/150	193/150	220/150	260/150	330/150	420/150	122/95	138/95	165/95	205/95
mais de 18 até 30	352/300		430/300	510/300	630/300	193/160	212/160	244/160	290/160	370/160	490/160	143/110	162/110	194/110	240/110
mais de 30 até 40	372/310		470/310	560/310	700/310	209/170	232/170	270/170	330/170	420/170	560/170	159/120	182/120	220/120	280/120
mais de 40 até 50	382/320		480/320	570/320	710/320	219/180	242/180	280/180	340/180	430/180	570/180	169/130	192/130	230/130	290/130
mais de 50 até 65	414/340		530/340	640/340	800/340	236/190	264/190	310/190	380/190	490/190	650/190	186/140	214/140	260/140	330/140
mais de 65 até 80	434/360		550/360	660/360	820/360	246/200	274/200	320/200	390/200	500/200	660/200	196/150	224/150	270/150	340/150
mais de 80 até 100	467/380		600/380	730/380	920/380	274/220	307/220	360/220	440/220	570/220	760/220	224/170	257/170	310/170	390/170
mais de 100 até 120	497/410		630/410	760/410	950/410	294/240	327/240	380/240	460/240	590/240	780/240	234/180	267/180	320/180	400/180

188 — Introdução à Engenharia de Fabricação Mecânica

qualidade	A 9	A 10	A 11	A 12	A 13	B 8	B 9	B 10	B 11	B 12	B 13	C 8	C 9	C 10	C 11
mais de 120 até 140	560 / 460		710 / 460	860 / 460	1.090 / 460	323 / 260	360 / 260	420 / 260	510 / 260	660 / 260	890 / 260	263 / 200	300 / 200	360 / 200	450 / 200
mais de 140 até 160	620 / 520		770 / 520	920 / 520	1.150 / 520	343 / 280	380 / 280	440 / 280	530 / 280	680 / 280	910 / 280	273 / 210	310 / 210	370 / 210	460 / 210
mais de 160 até 180	680 / 580		830 / 580	980 / 580	1.210 / 580	373 / 310	410 / 310	470 / 310	560 / 310	710 / 310	940 / 310	293 / 230	330 / 230	390 / 230	480 / 230
mais de 180 até 200	775 / 660		950 / 660	1.120 / 660	1.380 / 660	412 / 340	455 / 340	525 / 340	630 / 340	800 / 340	1.060 / 340	312 / 240	355 / 240	425 / 240	530 / 240
mais de 200 até 225	855 / 740		1.030 / 740	1.200 / 740	1.460 / 740	452 / 380	495 / 380	565 / 380	670 / 380	840 / 380	1.100 / 380	332 / 260	375 / 260	445 / 260	550 / 260
mais de 225 até 250	935 / 820		1.110 / 820	1.280 / 820	1.540 / 820	492 / 420	535 / 420	605 / 420	710 / 420	880 / 420	1.140 / 420	352 / 280	395 / 280	465 / 280	570 / 280
mais de 250 até 280	1.050 / 920		1.240 / 920	1.440 / 920	1.730 / 920	561 / 480	610 / 480	690 / 480	800 / 480	1.000 / 480	1.290 / 480	381 / 300	430 / 300	510 / 300	620 / 300
mais de 280 até 315	1.180 / 1.050		1.370 / 1.050	1.570 / 1.050	1.860 / 1.050	621 / 540	670 / 540	750 / 540	860 / 540	1.060 / 540	1.350 / 540	411 / 330	460 / 330	540 / 330	650 / 330
mais de 315 até 355	1.340 / 1.200		1.560 / 1.200	1.770 / 1.200	2.090 / 1.200	689 / 600	740 / 600	830 / 600	960 / 600	1.170 / 600	1.490 / 600	449 / 360	500 / 360	590 / 360	720 / 360
mais de 355 até 400	1.490 / 1.350		1.710 / 1.350	1.920 / 1.350	2.240 / 1.350	769 / 680	820 / 680	910 / 680	1.040 / 680	1.250 / 680	1.570 / 680	489 / 400	540 / 400	630 / 400	760 / 400
mais de 400 até 450	1.655 / 1.500		1.900 / 1.500	2.130 / 1.500	2.470 / 1.500	857 / 760	915 / 760	1.010 / 760	1.160 / 760	1.390 / 760	1.730 / 760	537 / 440	595 / 440	690 / 440	840 / 440
mais de 450 até 500	1.805 / 1.650		2.050 / 1.650	2.280 / 1.650	2.620 / 1.650	937 / 840	995 / 840	1.090 / 840	1.240 / 840	1.470 / 840	1.810 / 840	577 / 480	635 / 480	730 / 480	880 / 480

Tabela A.4.1 (continuação): Campo de tolerâncias para furos.

qualidade	CD					D								E			
	6	7	8	9	10	6	7	8	9	10	11	12	13	5	6	7	8
mais de 1 até 3		44	48	59	74	26	30	34	45	60	80	120	160	18	20	24	28
		34	34	34	34	20	20	20	20	20	20	20	20	14	14	14	14
mais de 3 até 6	54	58	64	76	94	38	42	48	60	78	105	150	210	25	28	32	38
	46	46	46	46	46	30	30	30	30	30	30	30	30	20	20	20	20
mais de 6 até 10	65	71	78	92	114	49	55	62	76	98	130	190	260	31	34	40	47
	56	56	56	56	56	40	40	40	40	40	40	40	40	25	25	25	25
mais de 10 até 18						61	68	77	93	120	160	230	320	40	43	50	59
						50	50	50	50	50	50	50	50	32	32	32	32
mais de 18 até 30						78	86	98	117	149	195	275	395	49	53	61	73
						65	65	65	65	65	65	65	65	40	40	40	40
mais de 30 até 50						96	105	119	142	180	240	330	470	61	66	75	89
						80	80	80	80	80	80	80	80	50	50	50	50
mais de 50 até 80						119	130	146	174	220	290	400	560	73	79	90	106
						100	100	100	100	100	100	100	100	60	60	60	60
mais de 80 até 120						142	155	174	207	260	340	470	660	87	94	107	126
						120	120	120	120	120	120	120	120	72	72	72	72
mais de 120 até 180						170	185	208	245	305	395	545	775	103	110	125	148
						145	145	145	145	145	145	145	145	85	85	85	85

qualidade	CD					D								E			
	6	7	8	9	10	6	7	8	9	10	11	12	13	5	6	7	8
mais de 180 até 250						199 170	216 170	242 170	285 170	355 170	460 170	630 170	890 170	120 100	129 100	146 100	172 100
mais de 250 até 315						222 190	242 190	271 190	320 190	400 190	510 190	710 190	1.000 190	133 110	142 110	162 110	191 110
mais de 315 até 400						246 210	267 210	299 210	350 210	440 210	570 210	780 210	1.100 210	150 125	161 125	182 125	214 125
mais de 400 até 500						270 230	293 230	327 230	385 230	480 230	630 230	840 230	1.200 230	162 135	175 135	198 135	232 135

Tabela A.4.1 (continuação): Campo de tolerâncias para furos.

qualidade	E 9	E 10	EF 3	EF 5	EF 6	EF 7	EF 8	EF 9	F 3	F 5	F 6	F 7	F 8	F 9	F 10	FG 3	FG 5	FG 6	FG 7	FG 8
mais de 1 até 3	39/14	54/14	12/10	14/10	16/10	20/10	24/10	35/10	8/6	10/6	12/6	16/6	20/6	31/6			6/4	8/4	10/4	14/4
mais de 3 até 6	50/20	68/20		19/14	22/14	26/14	32/14	44/14		15/10	18/10	22/10	28/10	40/10	58/10		11/6	14/6	18/6	24/6
mais de 6 até 10	61/25	83/25		24/18	27/18	33/18	40/18	54/18		19/13	22/13	28/13	35/13	49/13	71/13		14/8	17/8	23/8	30/8
mais de 10 até 18	75/32	102/32								24/16	27/16	34/16	43/16	59/16	86/16					
mais de 18 até 30	92/40	124/40								29/20	33/20	41/20	53/20	72/20						
mais de 30 até 50	112/50	150/50								36/25	41/25	50/25	64/25	87/25						
mais de 50 até 80	134/60	180/60								43/30	49/30	60/30	76/30	104/30						
mais de 80 até 120	159/72	212/72								51/36	58/36	71/36	90/36	123/36						
mais de 120 até 180	185/85	245/85								61/43	68/43	83/43	106/43	143/43						

Introdução à Engenharia de Fabricação Mecânica

qualidade	E		EF						F							FG				
	9	10	3	5	6	7	8	9	3	5	6	7	8	9	10	3	5	6	7	8
mais de 180 até 250	215 / 100	285 / 100								70 / 50	79 / 50	96 / 50	122 / 50	165 / 50						
mais de 250 até 315	240 / 110	320 / 110								79 / 56	88 / 56	108 / 56	137 / 56	186 / 56						
mais de 315 até 400	265 / 125	355 / 125								87 / 62	98 / 62	119 / 62	151 / 62	202 / 62						
mais de 400 até 500	290 / 135	385 / 135								95 / 68	108 / 68	131 / 68	165 / 68	223 / 68						

Tabela A.4.1 (continuação): Campo de tolerâncias para furo.

qualidade	G 3	G 5	G 6	G 7	H 1	H 2	H 3	H 4	H 5	H 6	H 7	H 8	H 9	H 10	H 11	H 12	H 13	H 14
mais de 1 até 3	4 / 2	6 / 2	8 / 2	12 / 2	0,8 / 0	1,2 / 0	2 / 0	3 / 0	4 / 0	6 / 0	10 / 0	14 / 0	25 / 0	40 / 0	60 / 0	100 / 0	140 / 0	250 / 0
mais de 3 até 6		9 / 4	12 / 4	16 / 4	1 / 0	1,5 / 0	2,5 / 0	4 / 0	5 / 0	8 / 0	12 / 0	18 / 0	30 / 0	48 / 0	75 / 0	120 / 0	180 / 0	300 / 0
mais de 6 até 10		11 / 5	14 / 5	20 / 5	1 / 0	1,5 / 0	2,5 / 0	4 / 0	6 / 0	9 / 0	15 / 0	22 / 0	36 / 0	58 / 0	90 / 0	150 / 0	220 / 0	360 / 0
mais de 10 até 18		14 / 6	17 / 6	24 / 6	1,2 / 0	2 / 0	3 / 0	5 / 0	8 / 0	11 / 0	18 / 0	27 / 0	43 / 0	70 / 0	110 / 0	180 / 0	270 / 0	4 40 / 0
mais de 18 até 30		16 / 7	20 / 7	28 / 7	1,5 / 0	2,5 / 0	4 / 0	6 / 0	9 / 0	13 / 0	21 / 0	33 / 0	52 / 0	84 / 0	130 / 0	210 / 0	330 / 0	520 / 0
mais de 30 até 50		20 / 9	25 / 9	34 / 9	1,5 / 0	2,5 / 0	4 / 0	7 / 0	11 / 0	16 / 0	25 / 0	39 / 0	62 / 0	100 / 0	160 / 0	250 / 0	390 / 0	620 / 0
mais de 50 até 80		23 / 10	29 / 10	40 / 10	2 / 0	3 / 0	5 / 0	8 / 0	13 / 0	19 / 0	30 / 0	46 / 0	74 / 0	120 / 0	190 / 0	300 / 0	460 / 0	740 / 0
mais de 80 até 120		27 / 12	34 / 12	47 / 12	2,5 / 0	4 / 0	6 / 0	10 / 0	15 / 0	22 / 0	35 / 0	54 / 0	87 / 0	140 / 0	220 / 0	350 / 0	540 / 0	870 / 0
mais de 120 até 180		32 / 14	39 / 14	54 / 14	3,5 / 0	5 / 0	8 / 0	12 / 0	18 / 0	25 / 0	40 / 0	63 / 0	100 / 0	160 / 0	250 / 0	400 / 0	630 / 0	1.000 / 0

qualidade	G				H													
	3	5	6	7	1	2	3	4	5	6	7	8	9	10	11	12	13	14
mais de 180 até 250		35 / 15	44 / 15	61 / 15	4,5 / 0	7 / 0	10 / 0	14 / 0	20 / 0	29 / 0	46 / 0	72 / 0	115 / 0	185 / 0	290 / 0	460 / 0	720 / 0	1.150 / 0
mais de 250 até 315		40 / 17	49 / 17	69 / 17	6 / 0	8 / 0	12 / 0	16 / 0	23 / 0	32 / 0	52 / 0	81 / 0	130 / 0	210 / 0	320 / 0	520 / 0	810 / 0	1.300 / 0
mais de 315 até 400		43 / 18	54 / 18	75 / 18	7 / 0	9 / 0	13 / 0	18 / 0	25 / 0	36 / 0	57 / 0	89 / 0	140 / 0	230 / 0	360 / 0	570 / 0	890 / 0	1.400 / 0
mais de 400 até 500		47 / 20	60 / 20	83 / 20	8 / 0	10 / 0	15 / 0	20 / 0	27 / 0	40 / 0	63 / 0	97 / 0	155 / 0	250 / 0	400 / 0	630 / 0	970 / 0	1.550 / 0

Tabela A.4.1 (continuação): Campo de tolerâncias para furos.

qualidade	H				J			JS								
	15	16	17	18	6	7	8	1	2	3	4	5	6	7	8	9
mais de 1 até 3	400 / 0	600 / 0			2 / -4	4 / -6	6 / -8	0,4 / -0,4	0,6 / -0,6	1 / -1	1,5 / -1,5	2 / -2	3 / -3	5 / -5	7 / -7	12,5 / -12,5
mais de 3 até 6	480 / 0	750 / 0			5 / -3	6 / -6	10 / -8	0,5 / -0,5	0,75 / -0,75	1,25 / -1,25	2 / -2	2,5 / -2,5	4 / -4	6 / -6	9 / -9	15 / -15
mais de 6 até 10	580 / 0	900 / 0	1.500 / 0		5 / -4	8 / -7	12 / -10	0,5 / -0,5	0,75 / -0,75	1,25 / -1,25	2 / -2	3 / -3	4,5 / -4,5	7,5 / -7,5	11 / -11	18 / -18
mais de 10 até 18	700 / 0	1.100 / 0	1.800 / 0	2.700 / 0	6 / -5	10 / -8	15 / -12	0,6 / -0,6	1 / -1	1,5 / -1,5	2,5 / -2,5	4 / -4	5,5 / -5,5	9 / -9	13,5 / -13,5	21,5 / -21,5
mais de 18 até 30	840 / 0	1.300 / 0	2.100 / 0	3.300 / 0	8 / -5	12 / -9	20 / -13	0,75 / -0,75	1,25 / -1,25	2 / -2	3 / -3	4,5 / -4,5	6,5 / -6,5	10,5 / -10,5	16,5 / -16,5	26 / -26
mais de 30 até 50	1.000 / 0	1.600 / 0	2.500 / 0	3.900 / 0	10 / -6	14 / -11	24 / -15	0,75 / -0,75	1,25 / -1,25	2 / -2	3,5 / -3,5	5,5 / -5,5	8 / -8	12,5 / -12,5	19,5 / -19,5	31 / -31
mais de 50 até 80	1.200 / 0	1.900 / 0	3.000 / 0	4.600 / 0	13 / -6	18 / -12	28 / -18	1 / -1	1,5 / -1,5	2,5 / -2,5	4 / -4	6,5 / -6,5	9,5 / -9,5	15 / -15	23 / -23	37 / -37
mais de 80 até 120	1.400 / 0	2.200 / 0	3.500 / 0	5.400 / 0	16 / -6	22 / -13	34 / -20	1,25 / -1,25	2 / -2	3 / -3	5 / -5	7,5 / -7,5	11 / -11	17,5 / -17,5	27 / -27	43,5 / -43,5
mais de 120 até 180	1.600 / 0	2.500 / 0	4.000 / 0	6.300 / 0	18 / -7	26 / -14	41 / -22	1,75 / -1,75	2,5 / -2,5	4 / -4	6 / -6	9 / -9	12,5 / -12,5	20 / -20	31,5 / -31,5	50 / -50

qualidade	H				J			JS								
	15	16	17	18	6	7	8	1	2	3	4	5	6	7	8	9
mais de 180 até 250	1.850 / 0	2.900 / 0	4.600 / 0	7.200 / 0	22 / -7	30 / -16	47 / -25	2,25 / -2,25	3,5 / -3,5	5 / -5	7 / -7	10 / -10	14,5 / -14,5	23 / -23	36 / -36	57,5 / -57,5
mais de 250 até 315	2.100 / 0	3.200 / 0	5.200 / 0	8.100 / 0	25 / -7	36 / -16	55 / -26	3 / -3	4 / -4	6 / -6	8 / -8	11,5 / -11,5	16 / -16	26 / -26	40,5 / -40,5	65 / -65
mais de 315 até 400	2.300 / 0	3.600 / 0	5.700 / 0	8.900 / 0	29 / -7	39 / -18	60 / -29	3,5 / -3,5	4,5 / -4,5	6,5 / -6,5	9 / -9	12,5 / -12,5	18 / -18	28,5 / -28,5	44,5 / -44,5	70 / -70
mais de 400 até 500	2.500 / 0	4.000 / 0	6.300 / 0	9.700 / 0	33 / -7	43 / -20	66 / -31	4 / -4	5 / -5	7,5 / -7,5	10 / -10	13,5 / -13,5	20 / -20	31,5 / -31,5	48,5 / -48,5	77,5 / -77,5

Tabela A.4.1 (continuação): Campo de tolerâncias para furos.

qualidade	JS 10	11	12	13	14	15	16	17	18	K 3	5	6	7	8	9	10
mais de 1 até 3	20 / −20	30 / −30	50 / −50	70 / −70	125 / −125	200 / −200	300 / −300			0 / −2	0 / −4	0 / −6	0 / −10	0 / −14	0 / −25	0 / −40
mais de 3 até 6	24 / −24	37,5 / −37,5	60 / −60	90 / −90	150 / −150	240 / −240	375 / −375				0 / −5	2 / −6	3 / −9	5 / −13		
mais de 6 até 10	29 / −29	45 / −45	75 / −75	110 / −110	180 / −180	290 / −290	450 / −450	750 / −750			1 / −5	2 / −7	5 / −10	6 / −16		
mais de 10 até 18	35 / −35	55 / −55	90 / −90	135 / −135	215 / −215	350 / −350	550 / −550	900 / −900	1.350 / −1.350		2 / −6	2 / −9	6 / −12	8 / −19		
mais de 18 até 30	42 / −42	65 / −65	105 / −105	165 / −165	260 / −260	420 / −420	650 / −650	1.050 / −1.050	1.650 / −1.650		1 / −8	2 / −11	6 / −15	10 / −23		
mais de 30 até 50	50 / −50	80 / −80	125 / −125	195 / −195	310 / −310	500 / −500	800 / −800	1.250 / −1.250	1.950 / −1.950		2 / −9	3 / −13	7 / −18	12 / −27		
mais de 50 até 80	60 / −60	95 / −95	150 / −150	230 / −230	370 / −370	600 / −600	950 / −950	1.500 / −1.500	2.300 / −2.300		3 / −10	4 / −15	9 / −21	14 / −32		
mais de 80 até 120	70 / −70	110 / −110	175 / −175	270 / −270	435 / −435	700 / −700	1100 / −1100	1.750 / −1.750	2.700 / −2.700		2 / −13	4 / −18	10 / −25	16 / −38		
mais de 120 até 180	80 / −80	125 / −125	200 / −200	315 / −315	500 / −500	800 / −800	1250 / −1250	2.000 / −2.000	3.150 / −3.150		3 / −15	4 / −21	12 / −28	20 / −43		

qualidade	JS									K						
	10	11	12	13	14	15	16	17	18	3	5	6	7	8	9	10
mais de 180 até 250	92,5 / -92,5	145 / -145	230 / -230	360 / -360	575 / -575	925 / -925	1.450 / -1.450	2.300 / -2.300	3.600 / -3.600		2 / -18	5 / -24	13 / -33	22 / -50		
mais de 250 até 315	105 / -105	160 / -160	260 / -260	405 / -405	650 / -650	1.050 / -1.050	1.600 / -1.600	2.600 / -2.600	4.050 / -4.050		3 / -20	5 / -27	16 / -36	25 / -56		
mais de 315 até 400	115 / -115	180 / -180	285 / -285	445 / -445	700 / -700	1.150 / -1.150	1.800 / -1.800	2.850 / -2.850	4.450 / -4.450		3 / -22	7 / -29	17 / -40	28 / -61		
mais de 400 até 500	125 / -125	200 / -200	315 / -315	485 / -485	775 / -775	1.250 / -1.250	2.000 / -2.000	3.150 / -3.150	4.850 / -4.850		2 / -25	8 / -32	12 / -45	29 / -68		

Tabela A.4.1 (continuação): Campo de tolerâncias para furos.

qualidade	M					N								P					
	3	5	6	7	8	3	5	6	7	8	9	10	11	3	5	6	7	8	9
mais de 1 até 3	-2 / -4	-2 / -6	-2 / -8	-2 / -12		-4 / -6	-4 / -8	-4 / -10	-4 / -14	-4 / -18	-4 / -29	-4 / -44	-4 / -64	-6 / -8	-6 / -10	-6 / -12	-6 / -16	-6 / -20	-6 / -31
mais de 3 até 6		-3 / -8	-1 / -9	0 / -12	2 / -16		-7 / -12	-5 / -13	-4 / -16	-2 / -20	0 / -30	0 / -48	0 / -75		-11 / -16	-9 / -17	-8 / -20	-12 / -30	-12 / -42
mais de 6 até 10		-4 / -10	-3 / -12	0 / -15	1 / -21		-8 / -14	-7 / -16	-4 / -19	-3 / -25	0 / -36	0 / -58	0 / -90		-13 / -19	-12 / -21	-9 / -24	-15 / -37	-15 / -51
mais de 10 até 18		-4 / -12	-4 / -15	0 / -18	2 / -25		-9 / -17	-9 / -20	-5 / -23	-3 / -30	0 / -43	0 / -70	0 / -110		-15 / -23	-15 / -26	-11 / -29	-18 / -45	-18 / -61
mais de 18 até 30		-5 / -14	-4 / -17	0 / -21	4 / -29		-12 / -21	-11 / -24	-7 / -28	-3 / -36	0 / -52	0 / -84	0 / -130		-19 / -28	-18 / -31	-14 / -35	-22 / -55	-22 / -74
mais de 30 até 50		-5 / -16	-5 / -20	0 / -25	5 / -34		-13 / -24	-12 / -28	-8 / -33	-3 / -42	0 / -62	0 / -100	0 / -160		-22 / -33	-21 / -37	-17 / -42	-26 / -65	-26 / -88
mais de 50 até 80		-6 / -19	-5 / -24	0 / -30	5 / -41		-15 / -28	-14 / -33	-9 / -39	-4 / -50	0 / -74	0 / -120	0 / -190		-27 / -40	-26 / -45	-21 / -51	-32 / -78	-32 / -106
mais de 80 até 120		-8 / -23	-6 / -28	0 / -35	6 / -48		-18 / -33	-16 / -38	-10 / -45	-4 / -58	0 / -87	0 / -140	0 / -220		-32 / -47	-30 / -52	-24 / -59	-37 / -91	-37 / -124
mais de 120 até 180		-9 / -27	-8 / -33	0 / -40	8 / -55		-21 / -39	-20 / -45	-12 / -52	-4 / -67	0 / -100	0 / -160	0 / -250		-37 / -55	-36 / -61	-28 / -68	-43 / -106	-43 / -143

200 — Introdução à Engenharia de Fabricação Mecânica

qualidade	M					N								P					
	3	5	6	7	8	3	5	6	7	8	9	10	11	3	5	6	7	8	9
mais de 180 até 250		−11 / −31	−8 / −37	0 / −46	9 / −63		−25 / −45	−22 / −51	−14 / −60	−5 / −77	0 / −115	0 / −185	0 / −290		−44 / −64	−41 / −70	−33 / −79	−50 / −122	−50 / −165
mais de 250 até 315		−13 / −36	−9 / −43	0 / −52	9 / −72		−27 / −50	−25 / −57	−14 / −66	−5 / −86	0 / −130	0 / −210	0 / −320		−49 / −72	−47 / −79	−36 / −88	−56 / −137	−56 / −186
mais de 315 até 400		−14 / −39	−10 / −46	0 / −57	11 / −78		−30 / −55	−26 / −62	−16 / −73	−5 / −94	0 / −140	0 / −230	0 / −360		−55 / −80	−51 / −87	−41 / −98	−62 / −151	−62 / −202
mais de 400 até 500		−16 / −43	−10 / −50	0 / −63	11 / −86		−33 / −60	−27 / −67	−17 / −80	−6 / −103	0 / −155	0 / −250	0 / −400		−61 / −88	−55 / −95	−45 / −108	−68 / −165	−68 / −223

Tabela A.4.1 (continuação): Campo de tolerâncias para furos.

qualidade	R						S					
	3	5	6	7	8	9	5	6	7	8	9	10
mais de 1 até 3	−10 −12	−10 −14	−10 −16	−10 −20	−10 −24		−14 −18	−14 −20	−14 −24	−14 −28	−14 −39	
mais de 3 até 6		−14 −19	−12 −20	−11 −23	−15 −33	−15 −45	−18 −23	−16 −24	−15 −27	−19 −37	−19 −49	−19 −67
mais de 6 até 10		−17 −23	−16 −25	−13 −28	−19 −41	−19 −55	−21 −27	−20 −29	−17 −32	−23 −45	−23 −59	−23 −81
mais de 10 até 18		−20 −28	−20 −31	−16 −34	−23 −50	−23 −66	−25 −33	−25 −36	−21 −39	−28 −55	−28 −71	−28 −98
mais de 18 até 30		−25 −34	−24 −37	−20 −41	−28 −61		−32 −41	−31 −44	−27 −48	−35 −68	−35 −87	
mais de 30 até 50		−30 −41	−29 −45	−25 −50	−34 −73		−39 −50	−38 −54	−34 −59	−43 −82	−43 −105	
mais de 50 até 65		−36 −49	−35 −54	−30 −60	−41 −87		•48 −61	−47 −66	−42 −72	−53 −99	−53 −127	
mais de 65 até 80		−38 −51	−37 −56	−32 −62	−43 −89		−54 −67	−53 −72	−48 −78	−59 −105	−59 −133	
mais de 80 até 100		−46 −61	−44 −66	−38 −73	−51 −105		−66 −81	−64 −86	−58 −93	−71 −125	−71 −158	
mais de 100 até 120		−49 −64	−47 −69	−41 −76	−54 −108		−74 −89	−78 −94	−76 −101	−79 −133	−79 −166	
mais de 120 até 140		−57 −75	−56 −81	−48 −88	−63 −126		−86 −104	−85 −110	−77 −117	−92 −155	−92 −192	

qualidade	R						S					
	3	5	6	7	8	9	5	6	7	8	9	10
mais de 140 até 160		-59 / -77	-58 / -83	-50 / -90	-65 / -128		-94 / -112	-93 / -118	-85 / -125	-100 / -163	-100 / -200	-100 / -260
mais de 160 até 180		-62 / -80	-61 / -86	-53 / -93	-68 / -131		-102 / -120	-101 / -126	-93 / -133	-108 / -171	-108 / -208	-108 / -268
mais de 180 até 200		-71 / -91	-68 / -97	-60 / -106	-77 / -149	-77 / -192	-116 / -136	-113 / -142	-105 / -151	-122 / -194	-122 / -237	-122 / -307
mais de 200 até 225		-74 / -94	-71 / -100	-63 / -109	-80 / -152	-80 / -195	-124 / -144	-121 / -150	-113 / -159	-130 / -202	-130 / -245	-130 / -315
mais de 225 até 250		-78 / -98	-75 / -104	-67 / -113	-84 / -156	-84 / -199	-134 / -154	-131 / -160	-123 / -169	-140 / -212	-140 / -255	-140 / -325
mais de 250 até 280		-87 / -110	-85 / -117	-74 / -126	-94 / -175	-94 / -224	-151 / -174	-149 / -181	-138 / -190	-158 / -239	-158 / -288	-158 / -368
mais de 280 até 315		-91 / -114	-89 / -121	-78 / -130	-98 / -179	-98 / -228	-163 / -186	-161 / -193	-150 / -202	-170 / -251	-170 / -300	-170 / -380
mais de 315 até 355		-101 / -126	-97 / -133	-87 / -144	-108 / -197	-108 / -248	-183 / -208	-179 / -215	-169 / -226	-190 / -279	-190 / -330	-190 / -420
mais de 355 até 400		-107 / -132	-103 / -139	-93 / -150	-114 / -203	-114 / -254	-201 / -226	-197 / -233	-187 / -244	-208 / -297	-208 / -348	-208 / -438
mais de 400 até 450		-119 / -146	-113 / -153	-103 / -166	-126 / -223	-126 / -281	-225 / -252	-219 / -259	-209 / -272	-232 / -329	-232 / -387	-232 / -482
mais de 450 até 500		-125 / -152	-119 / -159	-109 / -172	-132 / -229	-132 / -287	-245 / -272	-239 / -279	-229 / -292	-252 / -349	-252 / -407	-252 / -502

Tabela A.4.1 (continuação): Campo de tolerâncias para furos.

qualidade	T				U						V		
	6	7	8	9	6	7	8	9	10	11	6	7	8
mais de 1 até 3					−18 −24	−18 −28							
mais de 3 até 6					−20 −31	−19 −35	−23 −41	−23 −53	−23 −71				
mais de 6 até 10					−25 −37	−22 −43	−28 −50	−28 −64	−28 −86				
mais de 10 até 14					−30 −41	−26 −44	−33 −60	−33 −76	−33 −103				
mais de 14 até 18											−36 −47	−32 −50	−39 −66
mais de 18 até 24					−37 −50	−33 −54					−43 −56	−39 −60	
mais de 24 até 30	−37 −50	−33 −54			−44 −57	−40 −61	−48 −81	−48 −100			−51 −64	−47 −68	
mais de 30 até 40	−43 −59	−39 −64			−55 −71	−51 −76	−60 −99	−60 −122			−63 −79	−59 −84	
mais de 40 até 50	−49 −65	−45 −70			−65 −81	−61 −86	−70 −109	−70 −132	−70 −170		−76 −92	−72 −97	

qualidade	T6	T7	T8	T9	U6	U7	U8	U9	U10	U11	V6	V7	V8
mais de 50 até 65	-60 / -79	-55 / -85			-81 / -100	-76 / -106	-87 / -133	-87 / -161	-87 / -207		-96 / -115	-91 / -121	
mais de 65 até 80	-69 / -88	-64 / -94			-96 / -115	-91 / -121	-102 / -148	-102 / -176	-102 / -222		-114 / -133	-109 / -139	
mais de 80 até 100	-84 / -106	-78 / -113			-117 / -139	-111 / -146	-124 / -178	-124 / -211	-124 / -264		-139 / -161	-133 / -168	
mais de 100 até 120	-97 / -119	-91 / -126	-104 / -158		-137 / -159	-131 / -166	-144 / -198	-144 / -231	-144 / -284	-144 / -364	-165 / -187	-159 / -194	
mais de 120 até 140	-115 / -140	-107 / -147	-122 / -185		-163 / -188	-155 / -195	-170 / -233	-170 / -270	-170 / -330	-170 / -420	-195 / -220	-187 / -227	
mais de 140 até 160	-127 / -152	-119 / -159	-134 / -197		-183 / -208	-175 / -215	-190 / -253	-190 / -290	-190 / -350	-190 / -440	-221 / -246	-213 / -253	
mais de 160 até 180	-139 / -164	-131 / -171	-146 / -209		-203 / -228	-195 / -235	-210 / -273	-210 / -310	-210 / -370	-210 / -460	-245 / -270	-237 / -277	
mais de 180 até 200	-157 / -186	-149 / -195	-166 / -238		-227 / -256	-219 / -265	-236 / -308	-236 / -351	-236 / -421	-236 / -526	-275 / -304	-267 / -313	
mais de 200 até 225	-171 / -200	-163 / -209	-180 / -252	-180 / -295	-249 / -278	-241 / -287	-258 / -330	-258 / -373	-258 / -443	-258 / -548	-301 / -330	-293 / -339	
mais de 225 até 250	-187 / -216	-179 / -225	-196 / -268	-196 / -311	-275 / -304	-267 / -313	-284 / -356	-284 / -399	-284 / -469	-284 / -574	-331 / -360	-323 / -369	

qualidade	T				U						V		
	6	7	8	9	6	7	8	9	10	11	6	7	8
mais de 250 até 280	−209 −241	−198 −250	−218 −299	−218 −348	−306 −338	−295 −347	−315 −396	−315 −445	−315 −525	−315 −635	−376 −408	−365 −417	
mais de 280 até 315	−231 −263	−220 −272	−240 −321	−240 −370	−341 −373	−330 −382	−350 −431	−350 −480	−350 −560	−350 −670	−416 −448	−405 −457	
mais de 315 até 355	−257 −293	−247 −304	−268 −357	−268 −408	−379 −415	−369 −426	−390 −479	−390 −530	−390 −620	−390 −750	−564 −500	−545 −511	
mais de 355 até 400	−283 −319	−273 −330	−294 −383	−294 −434	−414 −460	−435 −471	−435 −524	−435 −575	−435 −665	−435 −795	−519 −555	−509 −566	
mais de 400 até 450	−317 −357	−307 −370	−330 −427	−330 −485	−477 −517	−467 −530	−490 −587	−490 −645	−490 −7.740	−490 −890	−582 −622	−572 −635	
mais de 450 até 500	−347 −387	−337 −400	−360 −457	−360 −515	−527 −567	−517 −580	−540 −637	−540 −695	−540 −790	−540 −940	−647 −687	−637 −700	

Tabela A.4.1 (continuação): Campo de tolerâncias para furos.

qualidade	X 6	7	8	9	10	11	Y 7	Z 7	8	9	10	11
mais de 1 até 3	−20 / −26	−20 / −30	−20 / −34	−20 / −45				−26 / −36	−26 / −40	−26 / −51	−26 / −66	
mais de 3 até 6	−25 / −33	−24 / −36	−28 / −46	−28 / −58				−31 / −43	−35 / −53	−35 / −65	−35 / −83	
mais de 6 até 10	−31 / −40	−28 / −43	−34 / −56	−34 / −70				−36 / −51	−42 / −64	−42 / −78	−42 / −100	
mais de 10 até 14	−37 / −48	−33 / −51	−40 / −67	−40 / −83				−43 / −61	−50 / −77	−50 / −93	−50 / −120	
mais de 14 até 18	−42 / −53	−38 / −56	−45 / −72	−45 / −88	−45 / −115			−53 / −71	−60 / −87	−60 / −103	−60 / −130	
mais de 18 até 24	−50 / −63	−46 / −67	−54 / −87	−54 / −106	−54 / −138		−55 / −76	−65 / −86	−73 / −106	−73 / −125	−73 / −157	
mais de 24 até 30	−60 / −73	−56 / −77	−64 / −97	−64 / −116	−64 / −148		−67 / −88	−80 / −101	−88 / −121	−88 / −140	−88 / −172	−88 / −218
mais de 30 até 40	−75 / −91	−71 / −96	−80 / −119	−80 / −142	−80 / −180		−85 / −110	−103 / −128	−112 / −151	−112 / −174	−112 / −212	−112 / −272
mais de 40 até 50	−92 / −108	−88 / −113	−97 / −136	−97 / −159	−97 / −197		−105 / −130		−136 / −175	−136 / −198	−136 / −236	−136 / −296

Anexos

qualidade	X						Y	Z				
	6	7	8	9	10	11	7	7	8	9	10	11
mais de 50 até 65	-116 / -135	-111 / -141	-122 / -168	-122 / -196	-122 / -242	-122 / -312	-133 / -163		-172 / -218	-172 / -246	-172 / -292	-172 / -362
mais de 65 até 80	-140 / -159	-135 / -165	-146 / -192	-146 / -220	-146 / -266	-146 / -336	-163 / -193		-210 / -256	-210 / -284	-210 / -330	-210 / -400
mais de 80 até 100	-171 / -193	-165 / -200	-178 / -232	-178 / -265	-178 / -318	-178 / -398	-201 / -236		-258 / -312	-258 / -345	-258 / -398	-258 / -478
mais de 100 até 120	-203 / -225	-197 / -232	-210 / -264	-210 / -297	-210 / -350	-210 / -430	-241 / -276		-310 / -364	-310 / -397	-310 / -450	-310 / -530
mais de 120 até 140	-241 / -266		-248 / -311	-248 / -348	-248 / -408	-248 / -498	-285 / -325		-365 / -428	-365 / -465	-365 / -525	-365 / -615
mais de 140 até 160	-273 / -298		-280 / -343	-280 / -380	-280 / -440	-280 / -530	-325 / -365		-415 / -478	-415 / -515	-415 / -575	-415 / -665
mais de 160 até 180	-303 / -328		-310 / -373	-310 / -410	-310 / -470	-310 / -560	-365 / -405			-465 / -565	-465 / -625	-465 / -715
mais de 180 até 200	-341 / -370		-350 / -422	-350 / -465	-350 / -535	-350 / -640	-408 / -454			-520 / -635	-520 / -705	-520 / -810
mais de 200 até 225	-376 / -405		-385 / -457	-385 / -500	-385 / -570	-385 / -675	-453 / -499			-575 / -690	-575 / -760	-575 / -865
mais de 225 até 250	-416 / -445		-425 / -497	-425 / -540	-425 / -610	-425 / -715	-503 / -549				-640 / -825	-640 / -930

qualidade	X						Y	Z				
	6	7	8	9	10	11	7	7	8	9	10	11
mais de 250 até 280	−466 −498		−475 −556	−475 −605	−475 −685	−475 −795	−560 −612				−710 −920	−710 −1.030
mais de 280 até 315	−516 −548		−525 −606	−525 −655	−525 −735	−525 −845	−630 −682				−790 −1.000	−790 −1.110
mais de 315 até 355	−579 −615		−590 −679	−590 −730	−590 −820	−590 −950	−709 −766				−900 −1.130	−900 −1.260
mais de 355 até 400	−649 −685			−660 −800	−660 −890	−660 −1.020	−799 −856				−1.000 −1.230	−1.000 −1.360
mais de 400 até 450	−727 −767			−740 −895	−740 −990	−740 −1.140	−897 −960				−1.100 −1.350	−1.100 −1.500
mais de 450 até 500	−807 −847			−820 −975	−820 −1.070	−820 −1.220	−977 −1.040				−1.250 −1.500	−1.250 −1.650

Tabela A.4.1 (continuação):   Campo de tolerâncias para furos.

qualidade	ZA 7	ZA 8	ZA 9	ZA 10	ZA 11	ZB 7	ZB 8	ZB 9	ZB 10	ZB 11	ZC 7	ZC 8	ZC 9	ZC 10	ZC 11
mais de 1 até 3	−32 / −42					−40 / −50	−40 / −54	−40 / −65			−60 / −70	−60 / −74	−60 / −85	−60 / −100	−60 / −120
mais de 3 até 6	−38 / −50					−46 / −58	−50 / −68	−50 / −80			−76 / −88	−80 / −98	−80 / −110	−80 / −128	−80 / −155
mais de 6 até 10	−46 / −61	−52 / −74				−61 / −76	−67 / −89	−67 / −103	−67 / −125	−67 / −157	−91 / −106	−97 / −119	−97 / −133	−97 / −155	−97 / −187
mais de 10 até 14	−57 / −75	−64 / −91					−90 / −117	−90 / −133	−90 / −160	−90 / −200		−130 / −157	−130 / −173	−130 / −200	−130 / −240
mais de 14 até 18	−77 / −88	−77 / −104					−108 / −135	−108 / −151	−108 / −178	−108 / −218		−150 / −177	−150 / −193	−150 / −220	−150 / −260
mais de 18 até 24		−98 / −131	−98 / −150				−136 / −169	−136 / −188	−136 / −220	−136 / −266		−188 / −221	−188 / −240	−188 / −272	−188 / −318
mais de 24 até 30		−118 / −151	−118 / −170				−160 / −193	−160 / −212	−160 / −244	−160 / −290		−218 / −251	−218 / −270	−218 / −302	−218 / −348
mais de 30 até 40		−148 / −187	−148 / −210				−200 / −239	−200 / −262	−200 / −300	−200 / −360			−274 / −336	−274 / −374	−274 / −434
mais de 40 até 50		−180 / −219	−180 / −242	−180 / −280			−242 / −281	−242 / −304	−242 / −342	−242 / −402			−325 / −387	−325 / −425	−325 / −485

Introdução à Engenharia de Fabricação Mecânica

qualidade	ZA					ZB					ZC				
	7	8	9	10	11	7	8	9	10	11	7	8	9	10	11
mais de 50 até 65		-226 / -272	-226 / -300	-226 / -346			-300 / -346	-300 / -374	-300 / -420	-300 / -490			-405 / -479	-405 / -525	-405 / -595
mais de 65 até 80		-274 / -320	-274 / -348	-274 / -394				-360 / -434	-360 / -480	-360 / -550				-480 / -600	-480 / -670
mais de 80 até 100		-335 / -389	-335 / -422	-335 / -475				-445 / -532	-445 / -585	-445 / -665				-585 / -725	-585 / -805
mais de 100 até 120			-400 / -487	-400 / -540	-400 / -620				-525 / -665	-525 / -745				-690 / -830	-690 / -910
mais de 120 até 140			-470 / -570	-470 / -630	-470 / -720				-620 / -780	-620 / -870				-800 / -960	-800 / -1050
mais de 140 até 160			-535 / -635	-535 / -695	-535 / -785				-700 / -860	-700 / -950					-900 / -1150
mais de 160 até 180				-600 / -760	-600 / -850				-780 / -940	-780 / -1030					-1000 / -1250
mais de 180 até 200				-670 / -855	-670 / -960				-880 / -1065	-880 / -1170					-1150 / -1440
mais de 200 até 225				-740 / -925	-740 / -1030					-960 / -1250					-1250 / -1540
mais de 225 até 250				-820 / -1005	-820 / -1110					-1050 / -1340					-1350 / -1640

qualidade	ZA					ZB					ZC				
	7	8	9	10	11	7	8	9	10	11	7	8	9	10	11
mais de 250 até 280				−920 −1.130	−920 −1.240					−1.200 −1.520					−1.550 −1.870
mais de 280 até 315				−1.000 −1.210	−1.000 −1.320					−1.300 −1.620					−1.700 −2.020
mais de 315 até 355				−1.150 −1.380	−1.150 −1.510					−1.500 −1.860					−1.900 −2.260
mais de 355 até 400					−1.300 −1.660					−1.650 −2.010					−2.100 −2.460
mais de 400 até 450					−1.450 −1.850					−1.850 −2.250					−2.400 −2.800
mais de 450 até 500					−1.600 −2.000					−2.100 −2.500					−2.600 −300

Tabela A.4.2: Campo de tolerâncias para eixos (dimensões em mm – valores da tabela em μm).

qualidade	a					b						c						
	9	10	11	12	13	8	9	10	11	12	13	5	6	7	8	9	10	11
mais de 1 até 3	-270 / -295		-270 / -330	-270 / -370	-270 / -410	-140 / -154	-140 / -165	-140 / -180	-140 / -200	-140 / -240	-140 / -280				-60 / -74	-60 / -85	-60 / -100	-60 / -120
mais de 3 até 6	-270 / -300	-270 / -318	-270 / -345	-270 / -390	-270 / -450	-140 / -158	-140 / -170	-140 / -188	-140 / -215	-140 / -260	-140 / -320	-70 / -75	-70 / -78	-70 / -82	-70 / -88	-70 / -100	-70 / -118	-70 / -145
mais de 6 até 10	-280 / -316	-280 / -338	-280 / -370	-280 / -430	-280 / -500	-150 / -172	-150 / -186	-150 / -208	-150 / -240	-150 / -300	-150 / -370	-80 / -86	-80 / -89	-80 / -95	-80 / -102	-80 / -116	-80 / -138	-80 / -170
mais de 10 até 18	-290 / -333	-290 / -360	-290 / -400	-290 / -470	-290 / -560	-150 / -177	-150 / -193	-150 / -220	-150 / -260	-150 / -330	-150 / -420	-95 / -103	-95 / -106	-95 / -113	-95 / -122	-95 / -138	-95 / -165	-95 / -205
mais de 18 até 30	-300 / -352		-300 / -430	-300 / -510	-300 / -630	-160 / -193	-160 / -212	-160 / -244	-160 / -290	-160 / -370	-160 / -490				-110 / -143	-110 / -162	-110 / -194	-110 / -240
mais de 30 até 40	-310 / -372		-310 / -470	-310 / -560	-310 / -700	-170 / -209	-170 / -232	-170 / -270	-170 / -330	-170 / -420	-170 / -560				-120 / -159	-120 / -182	-120 / -220	-120 / -280
mais de 40 até 50	-320 / -382		-320 / -480	-320 / -570	-320 / -710	-180 / -219	-180 / -242	-180 / -280	-180 / -340	-180 / -430	-180 / -570				-130 / -169	-130 / -192	-130 / -230	-130 / -290
mais de 50 até 65	-340 / -414		-340 / -530	-340 / -640	-340 / -800	-190 / -236	-190 / -264	-190 / -310	-190 / -380	-190 / -490	-190 / -650				-140 / -186	-140 / -214	-140 / -260	-140 / -330
mais de 65 até 80	-360 / -434		-360 / -550	-360 / -660	-360 / -820	-200 / -246	-200 / -274	-200 / -320	-200 / -390	-200 / -500	-200 / -660				-150 / -196	-150 / -224	-150 / -270	-150 / -340
mais de 80 até 100	-380 / -467		-380 / -600	-380 / -730	-380 / -920	-220 / -274	-220 / -307	-220 / -360	-220 / -440	-220 / -570	-220 / -760				-170 / -224	-170 / -257	-170 / -310	-170 / -390
mais de 100 até 120	-410 / -497		-410 / -630	-410 / -760	-410 / -950	-240 / -294	-240 / -327	-240 / -380	-240 / -460	-240 / -590	-240 / -780				-180 / -234	-180 / -267	-180 / -320	-180 / -400

qualidade	a					b						c						
	9	10	11	12	13	8	9	10	11	12	13	5	6	7	8	9	10	11
mais de 120 até 140	-460 / -560		-460 / -710	-460 / -860	-460 / -1.090	-260 / -323	-260 / -360	-260 / -420	-260 / -510	-260 / -660	-260 / -890				-200 / -263	-200 / -300	-200 / -360	-200 / -450
mais de 140 até 160	-520 / -620		-520 / -770	-520 / -920	-520 / -1.150	-280 / -343	-280 / -380	-280 / -440	-280 / -530	-280 / -680	-280 / -910				-210 / -273	-210 / -310	-210 / -370	-210 / -460
mais de 160 até 180	-580 / -680		-580 / -830	-580 / -980	-580 / -1.210	-310 / -373	-310 / -410	-310 / -470	-310 / -560	-310 / -710	-310 / -940				-230 / -293	-230 / -330	-230 / -390	-230 / -480
mais de 180 até 200	-660 / -775		-660 / -950	-660 / -1.120	-660 / -1.380	-340 / -412	-340 / -455	-340 / -525	-340 / -630	-340 / -800	-340 / -1.060				-240 / -312	-240 / -355	-240 / -425	-240 / -530
mais de 200 até 225	-740 / -855		-740 / -1.030	-740 / -1.200	-740 / -1.460	-380 / -452	-380 / -495	-380 / -565	-380 / -670	-380 / -840	-380 / -1.100				-260 / -332	-260 / -375	-260 / -445	-260 / -550
mais de 225 até 250	-820 / -935		-820 / -1.110	-820 / -1.280	-820 / -1.540	-420 / -492	-420 / -535	-420 / -605	-420 / -710	-420 / -880	-420 / -1.140				-280 / -352	-280 / -395	-280 / -465	-280 / -570
mais de 250 até 280	-920 / -1.050		-920 / -1.240	-920 / -1.440	-920 / -1.730	-480 / -561	-480 / -610	-480 / -690	-480 / -800	-480 / -1.000	-480 / -1.290				-300 / -381	-300 / -430	-300 / -510	-300 / -620
mais de 280 até 315	-1.050 / -1.180		-1.050 / -1.370	-1.050 / -1.570	-1.050 / -1.860	-540 / -621	-540 / -670	-540 / -750	-540 / -860	-540 / -1.060	-540 / -1.350				-330 / -411	-330 / -460	-330 / -540	-330 / -650
mais de 315 até 355	-1.200 / -1.340		-1.200 / -1.560	-1.200 / -1.770	-1.200 / -2.090	-600 / -689	-600 / -740	-600 / -830	-600 / -960	-600 / -1.170	-600 / -1.490				-360 / -449	-360 / -500	-360 / -590	-360 / -720
mais de 355 até 400	-1.350 / -1.490		-1.350 / -1.710	-1.350 / -1.920	-1.350 / -2.240	-680 / -769	-680 / -820	-680 / -910	-680 / -1.040	-680 / -1.250	-680 / -1.570				-400 / -489	-400 / -540	-400 / -630	-400 / -760
mais de 400 até 450	-1.500 / -1.655		-1.500 / -1.900	-1.500 / -2.130	-1.500 / -2.470	-760 / -857	-760 / -915	-760 / -1.010	-760 / -1.160	-760 / -1.390	-760. / -1.730				-440 / -537	-440 / -595	-440 / -690	-440 / -840
mais de 450 até 500	-1.650 / -1.805		-1.650 / -2.050	-1.650 / -2.280	-1.650 / -2.620	-840 / -937	-840 / -995	-840 / -1.090	-840 / -1.240	-840 / -1.470	-840 / -1.810				-480 / -577	-480 / -635	-480 / -730	-480 / -880

Tabela A.4.2 (continuação):   Campo de tolerâncias para eixos (dimensões em mm – valores da tabela em µm).

qualidade	cd						d									e		
	5	6	7	8	9	10	5	6	7	8	9	10	11	12	13	5	6	7
mais de 1 até 3			-34 / -44	-34 / -48	-34 / -59	-34 / -74	-20 / -24	-20 / -26	-20 / -30	-20 / -34	-20 / -45	-20 / -60	-20 / -80	-20 / -120	-20 / -160	-14 / -18	-14 / -20	-14 / -24
mais de 3 até 6	-46 / -51	-46 / -54	-46 / -58	-46 / -64	-46 / -76		-30 / -35	-30 / -38	-30 / -42	-30 / -48	-30 / -60	-30 / -78	-30 / -105	-30 / -150	-30 / -210	-20 / -25	-20 / -28	-20 / -32
mais de 6 até 10	-56 / -62	-56 / -65	-56 / -71	-56 / -78	-56 / -92		-40 / -46	-40 / -49	-40 / -55	-40 / -62	-40 / -76	-40 / -98	-40 / -130	-40 / -190	-40 / -260	-25 / -31	-25 / -34	-25 / -40
mais de 10 até 18							-50 / -58	-50 / -61	-50 / -68	-50 / -77	-50 / -93	-50 / -120	-50 / -160	-50 / -230	-50 / -320	-32 / -40	-32 / -43	-32 / -50
mais de 18 até 30							-65 / -74	-65 / -78	-65 / -86	-65 / -98	-65 / -117	-65 / -149	-65 / -195	-65 / -275	-65 / -395	-40 / -49	-40 / -53	-40 / -61
mais de 30 até 50							-80 / -91	-80 / -96	-80 / -105	-80 / -119	-80 / -142	-80 / -180	-80 / -240	-80 / -330	-80 / -470	-50 / -61	-50 / -66	-50 / -75
mais de 50 até 80							-100 / -113	-100 / -119	-100 / -130	-100 / -146	-100 / -174	-100 / -220	-100 / -290	-100 / -400	-100 / -560	-60 / -73	-60 / -79	-60 / -90
mais de 80 até 120							-120 / -135	-120 / -142	-120 / -155	-120 / -174	-120 / -207	-120 / -260	-120 / -340	-120 / -470	-120 / -660	-72 / -87	-72 / -94	-72 / -107
mais de 120 até 180							-145 / -163	-145 / -170	-145 / -185	-145 / -208	-145 / -245	-145 / -305	-145 / -395	-145 / -545	-145 / -775	-85 / -103	-85 / -110	-85 / -125

qualidade	cd						d									e		
	5	6	7	8	9	10	5	6	7	8	9	10	11	12	13	5	6	7
mais de 180 até 250							−170 −190	−170 −199	−170 −216	−170 −242	−170 −285	−170 −355	−170 −460	−170 −630	−170 −890	−100 −120	−100 −129	−100 −146
mais de 250 até 315							−190 −213	−190 −222	−190 −242	−190 −271	−190 −320	−190 −400	−190 −510	−190 −710	−190 −1.000	−110 −133	−110 −142	−110 −162
mais de 315 até 400							−210 −235	−210 −246	−210 −267	−210 −299	−210 −350	−210 −440	−210 −570	−210 −780	−210 −1.100	−125 −150	−125 −161	−125 −182
mais de 400 até 500							−230 −257	−230 −270	~230 −293	−230 −327	−230 −385	−230 −480	−230 −630	−230 −860	−230 −1.200	−135 −162	−135 −175	−135 −198

Tabela A.4.2 (continuação): Campo de tolerâncias para eixo (dimensões em mm – valores da tabela em µm).

qualidade	e		ef							f							fg					
	8	9	3	4	5	6	7	8	9	3	4	5	6	7	8	9	3	4	5	6	7	8
mais de 1 até 3	-14/-28	-14/-39	-10/-12	-10/-13	-10/-14	-10/-16	-10/-20	-10/-24	-10/-35	-6/-8	-6/-9	-6/-10	-6/-12	-6/-16	-6/-20	-6/-31	-4/-6	-4/-7	-4/-8	-4/-10	-4/-14	-4/-18
mais de 3 até 6	-20/-38	-20/-50	-14/-17	-14/-18	-14/-19	-14/-22	-14/-26	-14/-32	-14/-44	-10/-13	-10/-14	-10/-15	-10/-18	-10/-22	-10/-28	-10/-40	-6/-9	-6/-10	-6/-11	-6/-14	-6/-18	-6/-24
mais de 6 até 10	-25/-47	-25/-61	-18/-21	-18/-22	-18/-24	-18/-27	-18/-33	-18/-40	-18/-54	-13/-16	-13/-17	-13/-19	-13/-22	-13/-28	-13/-35	-13/-49	-8/-11	-8/-12	-8/-14	-8/-17	-8/-23	-8/-30
mais de 10 até 18	-32/-59	-32/-75								-16/-19	-16/-21	-16/-24	-16/-27	-16/-34	-16/-43	-16/-59						
mais de 18 até 30	-40/-73	-40/-92									-20/-26	-20/-29	-20/-33	-20/-41	-20/-53	-20/-72						
mais de 30 até 50	-50/-89	-50/-112									-25/-32	-25/-36	-25/-41	-25/-50	-25/-64	-25/-87						
mais de 50 até 80	-60/-106	-60/-134										-30/-43	-30/-49	-30/-60	-30/-76	-30/-104						
mais de 80 até 120	-72/-126	-72/-159										-36/-51	-36/-58	-36/-71	-36/-90	-36/-123						
mais de 120 até 180	-85/-148	-85/-185										-43/-61	-43/-68	-43/-83	-43/-106	-43/-143						

qualidade	e		ef							f							f			g		
	8	9	3	4	5	6	7	8	9	3	4	5	6	7	8	9	3	4	5	6	7	8
mais de 180 até 250	−100 −172	−100 −215									−50 −64	−50 −70	−50 −79	−50 −96	−50 −122	−50 −165						
mais de 250 até 315	−110 −191	−110 −240									−56 −72	−56 −79	−56 −88	−56 −108	−56 −137	−56 −186						
mais de 315 até 400	−125 −214	−125 −265									−62 −80	−62 −87	−62 −98	−62 −119	−62 −151	−62 −202						
mais de 400 até 500	−135 −232	−135 280									−68 −88	−68 −95	−68 −108	−68 −131	−68 −135	−68 −223						

Tabela A.4.2 (continuação):   Campo de tolerâncias para eixos (dimensões em mm — valores da tabela em µm).

qualidade	g					h													
	3	4	5	6	7	1	2	3	4	5	6	7	8	9	10	11	12	13	14
mais de 1 até 3	−2	−2	−2	−2	−2	0	0	0	0	0	0	0	0	0	0	0	0	0	0
	−4	−5	−6	−8	−12	−0,8	−1.2	−2	−3	−4	−6	−10	−14	−25	−40	−60	−100	−140	−250
mais de 3 até 6	−4	−4	−4	−4		0	0	0	0	0	0	0	0	0	0	0	0	0	0
	−8	−9	−12	−16	−1	−1,5	−2.5	−4	−5	−8	−12	−18	−30	−48	−75	−120	−180	−300	
mais de 6 até 10	−5	−5	−5	−5		0	0	0	0	0	0	0	0	0	0	0	0	0	0
	−9	−11	−14	−20	−1	−1,5	−2.5	−4	−6	−9	−15	−22	−36	−58	−90	−150	−220	−360	
mais de 10 até 18	−6	−6	−6	−6		0	0	0	0	0	0	0	0	0	0	0	0	0	0
	−11	−14	−17	−24	−1.2	−2	−3	−5	−8	−11	−18	−27	−43	−70	−110	−180	−270	−430	
mais de 18 até 30	−7	−7	−7	−7		0	0	0	0	0	0	0	0	0	0	0	0	0	0
	−13	−16	−20	−28	−1,5	−2,5	−4	−6	−9	−13	−21	−33	−52	−84	−130	−210	−330	−520	
mais de 30 até 50	−9	−9	−9	−9		0	0	0	0	0	0	0	0	0	0	0	0	0	0
	−16	−20	−25	−34	−1,5	−2,5	−4	−7	−11	−16	−25	−39	−62	−100	−160	−250	−390	−620	
mais de 50 até 80	−10	−10	−10	−10		0	0	0	0	0	0	0	0	0	0	0	0	0	0
	−18	−23	−29	−40	−2	−3	−5	−8	−13	−19	−30	−46	−74	−120	−190	−300	−460	−740	
mais de 80 até 120	−12	−12	−12	−12		0	0	0	0	0	0	0	0	0	0	0	0	0	0
	−22	−27	−34	−47	−2,5	−4	−6	−10	−15	−22	−35	−54	−87	−140	−220	−350	−540	−870	
mais de 120 até 180	−14	−14	−14	−14		0	0	0	0	0	0	0	0	0	0	0	0	0	0
	−26	−32	−39	−54	−3.5	−5	−8	−12	−18	−25	−40	−63	−100	−160	−250	−400	−630	−1.000	

qualidade	g					h													
	3	4	5	6	7	1	2	3	4	5	6	7	8	9	10	11	12	13	14
mais de 180 até 250		−15	−15	−15	−15	0	0	0	0	0	0	0	0	0	0	0	0	0	0
		−29	−35	−44	−61	−4.5	−7	−10	−14	−20	−29	−46	−72	−115	−185	−290	−460	−720	−1.150
mais de 250 até 315		−17	−17	−17	−17	0	0	0	0	0	0	0	0	0	0	0	0	0	0
		−33	−40	−49	−69	−6	−8	−12	−16	−23	−32	−52	−81	−130	−210	−320	−520	−810	−1.300
mais de 315 até 400		−18	−18	−18	−18	0	0	0	0	0	0	0	0	0	0	0	0	0	0
		−36	−43	−54	−75	−7	−9	−13	−18	−25	−36	−57	−89	−140	−230	−360	−570	−890	−1.400
mais de 400 até 500		−20	−20	−20	−20	0	0	0	0	0	0	0	0	0	0	0	0	0	0
		−40	−47	−60	−83	−8	−10	−15	−20	−27	−40	−63	−97	−155	−250	−400	−630	−970	−1.550

Tabela A.4.2 (continuação): Campo de tolerâncias para eixos (dimensões em mm – valores da tabela em µm).

	h				i				is								
	15	16	17	18	5	6	7	8	1	2	3	4	5	6	7	8	9
mais de 1 até 3	0 / -400	0 / -600			2 / -2	4 / -2	6 / -4	8 / -6	0,4 / -0,4	0,6 / -0,6	1 / -1	1,5 / -1,5	2 / -2	3 / -3	5 / -5	7 / -7	12,5 / -12,5
mais de 3 até 6	0 / -480	0 / -750			3 / -2	6 / -2	8 / -4		0,5 / -0,5	0,75 / -0,75	1,25 / -1,25	2 / -2	2,5 / -2,5	4 / -4	6 / -6	9 / -9	15 / -15
mais de 6 até 10	0 / -580	0 / -900	0 / -1.500		4 / -2	7 / -2	10 / -5		0,5 / -0,5	0,75 / -0,75	1,25 / -1,25	2 / -2	3 / -3	4,5 / -4,5	7,5 / -7,5	11 / -11	18 / -18
mais de 10 até 18	0 / -700	0 / -1.100	0 / -1.800	0 / -2.700	5 / -3	8 / -3	12 / -6		0,6 / -0,6	1 / -1	1,5 / -1,5	2,5 / -2,5	4 / -4	5,5 / -5,5	9 / -9	13,5 / -13,5	21,5 / -21,5
mais de 18 até 30	0 / -840	0 / -1.300	0 / -2.100	0 / -3.300	5 / -4	9 / -4	13 / -8		0,75 / -0,75	1,25 / -1,25	2 / -2	3 / -3	4,5 / -4,5	6,5 / -6,5	10,5 / -10,5	16,5 / -16,5	26 / -26
mais de 30 até 50	0 / -1000	0 / -1.600	0 / -2.500	0 / -3.900	6 / -5	11 / -5	15 / -10		0,75 / -0,75	1,25 / -1,25	2 / -2	3,5 / -3,5	5,5 / -5,5	8 / -8	12,5 / -12,5	19,5 / -19,5	31 / -31
mais de 50 até 80	0 / -1200	0 / -1.900	0 / -3.000	0 / -4.600	6 / -7	12 / -7	18 / -12		1 / -1	1,5 / -1,5	2,5 / -2,5	4 / -4	6,5 / -6,5	9,5 / -9,5	15 / -15	23 / -23	37 / -37
mais de 80 até 120	0 / -1400	0 / -2.200	0 / -3.500	0 / -5.400	6 / -9	13 / -9	20 / -15		1,25 / -1,25	2 / -2	3 / -3	5 / -5	7,5 / -7,5	11 / -11	17,5 / -17,5	27 / -27	43,5 / -43,5
mais de 120 até 180	0 / -1600	0 / -2.500	0 / -4.000	0 / -6.300	7 / -11	14 / -11	22 / -18		1,75 / -1,75	2,5 / -2,5	4 / -4	6 / -6	9 / -9	12,5 / -12,5	20 / -20	31,5 / -31,5	50 / -50

	h				i				js								
	15	16	17	18	5	6	7	8	1	2	3	4	5	6	7	8	9
mais de 180 até 250	0	0	0	0	7	16	25		2,25	3,5	5	7	10	14,5	23	36	57,5
	−1.850	−2.900	−4.600	−7.200	−13	−13	−21		−2,25	−3,5	−5	−7	−10	−14,5	−23	−36	−57,5
mais de 250 até 315	0	0	0	0	7	16	26		3	4	6	8	11,5	16	26	40,5	65
	−2.100	−3.200	−5.200	−8.100	−16	−16	−26		−3	−4	−6	−8	−11,5	−16	−26	−40,5	−65
mais de 315 até 400	0	0	0	0	7	18	29		3,5	4,5	6,5	9	12,5	18	28,5	44,5	70
	−2.300	−3.600	−5.700	−8.900	−18	−18	−28		−3,5	−4,5	−6,5	−9	−12,5	−18	−28,5	−44,5	−70
mais de 400 até 500	0	0	0	0	7	20	31		4	5	7,5	10	13,5	20	31,5	48,5	77,5
	−2.500	4.000	6.300	−9.700	−20	−20	−32		−4	−5	−7,5	−10	−13,5	−20	−31,5	48,5	77,5

Tabela A.4.2 (continuação):   Campo de tolerâncias para eixos (dimensões em mm – valores da tabela em μm).

qualidade	js									k						
	10	11	12	13	14	15	16	17	18	3	4	5	6	7	8	9
mais de 1 até 3	20	30	50	70	125	200	300			2	3	4	6	10	14	25
	–20	–30	–50	–70	–125	–200	–300			0	0	0	0	0	0	0
mais de 3 até 6	24	37,5	60	90	150	240	375			2,5	5	6	9	13	18	30
	–24	–37,5	–60	–90	–150	–240	–375			0	1	1	1	1	0	0
mais de 6 até 10	29	45	75	110	180	290	450	750		2,5	5	7	10	16	22	36
	–29	–45	–75	–110	–180	–290	–450	–750		0	1	1	1	1	0	0
mais de 10 até 18	35	55	90	135	215	350	550	900	1.350	3	6	9	12	19	27	43
	–35	–55	–90	–135	–215	–350	–550	–900	–1.350	0	1	1	1	1	0	0
mais de 18 até 30	42	65	105	165	260	420	650	1.050	1.650		8	11	15	23	33	52
	–42	–65	–105	–165	–260	–420	–650	–1.050	–1.650		2	2	2	2	0	0
mais de 30 até 50	50	80	125	195	310	500	800	1.250	1.950		9	13	18	27	39	62
	–50	–80	–125	–195	–310	–500	–800	–1.250	–1.950		2	2	2	2	0	0
mais de 50 até 80	60	95	150	230	370	600	950	1.500	2.300		10	15	21	32	46	74
	–60	–95	–150	–230	–370	–600	–950	–1.500	–2.300		2	2	2	2	0	0
mais de 80 até 120	70	110	175	270	435	700	1.100	1.750	2.700		13	18	25	38	54	87
	–70	–110	–175	–270	–435	–700	–1.100	–1.750	–2.700		3	3	3	3	0	0
mais de 120 até 180	80	125	200	315	500	800	1.250	2.000	3.150		15	21	28	43	63	100
	–80	–125	–200	–315	–500	–800	–1.250	–2.000	–3.150		3	3	3	3	0	0

Anexos

qualidade	k							is								
	3	4	5	6	7	8	9	10	11	12	13	14	15	16	17	18
mais de 180 até 250		18 / 4	24 / 4	33 / 4	50 / 4	72 / 0	115 / 0	92,5 / -92,5	145 / -145	230 / -230	360 / -360	575 / -575	925 / -925	1.450 / -1.450	2.300 / -2.300	3.600 / -3.600
mais de 250 até 315		20 / 4	27 / 4	36 / 4	56 / 4	81 / 0	130 / 0	105 / -105	160 / -160	260 / -260	405 / -405	650 / -650	1.050 / -1.050	1.600 / -1.600	2.600 / -2.600	4.050 / -4.050
mais de 315 até 400		22 / 4	29 / 4	40 / 4	61 / 4	89 / 0	140 / 0	115 / -115	180 / -180	285 / -285	445 / -445	700 / -700	1.150 / -1.150	1.800 / -1.800	2.850 / -2.850	4.450 / -4.450
mais de 400 até 500		25 / 5	32 / 5	45 / 5	68 / 5	97 / 0	155 / 0	125 / -125	200 / -200	315 / -315	485 / -485	775 / -775	1.250 / -1.250	2.000 / -2.000	3.150 / -3.150	4.850 / -4.850

Tabela A.4.2 (continuação): Campo de tolerâncias para eixos (dimensões em mm – valores da tabela em μm).

qualidade	k 10	k 11	k 3	k 4	k 5	k 6	k 7	m 3	m 4	m 5	m 6	m 7	n 3	n 4	n 5	n 6	n 7	p 3	p 4	p 5	p 6	p 7	p 8	p 9
mais de 1 até 3	40/0	60/0	2/0	3/0	4/0	6/0	10/0	4/2	5/2	6/2	8/2		6/4	7/4	8/4	10/4	14/4	8/6	9/6	10/6	12/6	16/6	20/6	
mais de 3 até 6	48/0	75/0		5/1	6/1	9/1	13/1	6,5/4	8/4	9/4	12/4	16/4		12/8	13/8	16/8	20/8		16/12	17/12	20/12	24/12	30/12	42/12
mais de 6 até 10	58/0	90/0		5/1	7/1	10/1	16/1		10/6	12/6	15/6	21/6		14/10	16/10	19/10	25/10		19/15	21/15	24/15	30/15	37/15	51/15
mais de 10 até 18	70/0	110/0		6/1	9/1	12/1	19/1		12/7	15/7	18/7	25/7		17/12	20/12	23/12	30/12		23/18	26/18	29/18	36/18	45/18	61/18
mais de 18 até 30	84/0	130/0		8/2	11/2	15/2	23/2		14/8	17/8	21/8	29/8		21/15	24/15	28/15	36/15		28/22	31/22	35/22	43/22	55/22	
mais de 30 até 50	100/0	160/0		9/2	13/2	18/2	27/2		16/9	20/9	25/9	34/9		24/17	28/17	33/17	42/17		33/26	37/26	42/26	51/26	65/26	
mais de 50 até 80	120/0	190/0		10/2	15/2	21/2	32/2		19/11	24/11	30/11	41/11		28/20	33/20	39/20	50/20		40/32	45/32	51/32	62/32	78/32	
mais de 80 até 120	140/0	220/0		13/3	18/3	25/3	38/3		23/13	28/13	35/13	48/13		33/23	38/23	45/23	58/23		47/37	52/37	59/37	72/37	91/37	
mais de 120 até 180	160/0	250/0		15/3	21/3	28/3	43/3		27/15	33/15	40/15	55/15		39/27	45/27	52/27	67/27		55/43	61/43	68/43	83/43	106/43	

qualidade	k			m				n					p						
	10	11	3	4	5	6	7	3	4	5	6	7	3	4	5	6	7	8	9
mais de 180 até 250	185	290		31	37	46	63		45	51	60	77		64	70	79	96	122	
	0	0		17	17	17	17		31	31	31	31		50	50	50	50	50	
mais de 250 até 315	210	320		36	43	52	72		50	57	66	86		72	79	88	108	137	
	0	0		20	20	20	20		34	34	34	34		56	56	56	56	56	
mais de 315 até 400	230	360		39	46	57	78		55	62	73	94		80	87	98	119	151	
	0	0		21	21	21	21		37	37	37	37		62	62	62	62	62	
mais de 400 até 500	250	400		43	50	63	86		60	67	80	103		88	95	108	131	165	
	0	0		23	23	23	23		40	40	40	40		68	68	68	68	68	

Tabela A.4.2 (continuação): Campo de tolerâncias para eixos (dimensões em mm – valores da tabela em μm).

qualidade	r							s						
	3	4	5	6	7	8	9	4	5	6	7	8	9	10
mais de 1 até 3	12/10	13/10	14/10	16/10	20/10	24/10		17/14	18/14	20/14	24/14	28/14	39/14	
mais de 3 até 6		19/15	20/15	23/15	27/15	33/15	45/15	23/19	24/19	27/19	31/19	37/19	49/19	67/19
mais de 6 até 10		23/19	25/19	28/19	34/19	41/19	55/19	27/23	29/23	32/23	38/23	45/23	59/23	81/23
mais de 10 até 18		28/23	31/23	34/23	41/23	50/23	66/23	33/28	36/28	39/28	46/28	55/28	71/28	98/28
mais de 18 até 30		34/28	37/28	41/28	49/28			41/35	44/35	48/35	56/35	68/35	87/35	
mais de 30 até 50		41/34	45/34	50/34	59/34			50/43	54/43	59/43	68/43	82/43	105/43	
mais de 50 até 65		49/41	54/41	60/41	71/41			61/53	66/53	72/53	83/53	99/53	127/53	
mais de 65 até 80		51/43	56/43	62/43	73/43			67/59	72/59	78/59	89/59	105/59	133/59	
mais de 80 até 100		61/51	66/51	73/51	86/51			81/71	86/71	93/71	106/71	125/71	158/71	
mais de 100 até 120		64/54	69/54	76/54	89/54			89/79	94/79	101/79	114/79	133/79	166/79	
mais de 120 até 140		75/63	81/63	88/63	103/63			104/92	110/92	117/92	132/92	155/92	192/92	

Anexos

qualidade	r							s						
	3	4	5	6	7	8	9	4	5	6	7	8	9	10
mais de 140 até 160		77 / 65	83 / 65	90 / 65	105 / 65			112 / 100	118 / 100	125 / 100	140 / 100	163 / 100	200 / 100	260 / 100
mais de 160 até 180		80 / 68	86 / 68	93 / 68	108 / 68			120 / 108	126 / 108	133 / 108	148 / 108	171 / 108	208 / 108	268 / 108
mais de 180 até 200		91 / 77	97 / 77	106 / 77	123 / 77	149 / 77	192 / 77	136 / 122	142 / 122	151 / 122	168 / 122	194 / 122	237 / 122	307 / 122
mais de 200 até 225		94 / 80	100 / 80	109 / 80	126 / 80	152 / 80	195 / 80	144 / 130	150 / 130	159 / 130	176 / 130	202 / 130	245 / 130	315 / 130
mais de 225 até 250		98 / 84	104 / 84	113 / 84	130 / 84	156 / 84	199 / 84	154 / 140	160 / 140	169 / 140	186 / 140	212 / 140	255 / 140	325 / 140
mais de 250 até 280		110 / 94	117 / 94	126 / 94	146 / 94	175 / 94	224 / 94	174 / 158	181 / 158	190 / 158	210 / 158	239 / 158	288 / 158	368 / 158
mais de 280 até 315		114 / 98	121 / 98	130 / 98	150 / 98	179 / 98	228 / 98	186 / 170	193 / 170	202 / 170	222 / 170	251 / 170	300 / 170	380 / 170
mais de 315 até 355		126 / 108	133 / 108	144 / 108	165 / 108	197 / 108	248 / 108	208 / 190	215 / 190	226 / 190	247 / 190	279 / 190	330 / 190	420 / 190
mais de 355 até 400		132 / 114	139 / 114	150 / 114	171 / 114	203 / 114	254 / 114	226 / 208	233 / 208	244 / 208	265 / 208	297 / 208	348 / 208	438 / 208
mais de 400 até 450		146 / 126	153 / 126	166 / 126	189 / 126	223 / 126	281 / 126	252 / 232	259 / 232	272 / 232	295 / 232	329 / 232	387 / 232	482 / 232
mais de 400 até 500		152 / 132	159 / 132	172 / 132	195 / 132	229 / 132	287 / 132	272 / 252	279 / 252	292 / 252	315 / 252	349 / 252	407 / 252	502 / 252

Tabela A.4.2 (continuação): Campo de tolerâncias para eixos (dimensões em mm – valores da tabela em μm).

		t						u							v		
qualidade	5	6	7	8	9	5	6	7	8	9	10	11	5	6	7	8
mais de 1 até 3						22 18	24 18	28 18	32 18							
mais de 3 até 6						28 23	31 23	35 23	41 23	53 23	71 23					
mais de 6 até 10						34 28	37 28	43 28	50 28	64 28	86 28					
mais de 10 até 14						41 33	44 33	51 33	60 33	76 33	103 33					
mais de 14 até 18													47 39	50 39	57 39	66 39
mais de 18 até 24						50 41	54 41	62 41	74 41				56 47	60 47	68 47	
mais de 24 até 30	50 41	54 41	62 41			57 48	61 48	69 48	81 48	100 48			64 55	68 55	76 55	
mais de 30 até 40	59 48	64 48	73 48			71 60	76 60	85 60	99 60	122 60			79 68	84 68	93 68	
mais de 40 até 50	65 54	70 54	79 54			81 70	86 70	95 70	109 70	132 70	170 70		92 81	97 81	106 81	

qualidade	t 5	t 6	t 7	t 8	t 9	u 5	u 6	u 7	u 8	u 9	u 10	u 11	v 5	v 6	v 7	v 8
mais de 50 até 65	79/66	85/66	96/66			100/87	106/87	117/87	133/87	161/87	207/87		115/102	121/102	132/102	
mais de 65 até 80	88/75	94/75	105/75			115/102	121/102	132/102	148/102	176/102	222/102		133/120	139/120	150/120	
mais de 80 até 100	106/91	113/91	126/91			139/124	146/124	159/124	178/124	211/124	264/124		161/146	168/146	181/146	
mais de 100 até 120	119/104	126/104	139/104	158/104		159/144	166/144	179/144	198/144	231/144	284/144	364/144	187/172	194/172	207/172	
mais de 120 até 140	140/122	147/122	162/122	185/122		188/170	195/170	210/170	233/170	270/170	330/170	420/170	220/202	227/202	242/202	
mais de 140 até 160	152/134	159/134	174/134	197/134		208/190	215/190	230/190	253/190	290/190	350/190	440/190	246/228	253/228	268/228	
mais de 160 até 180	164/146	171/146	186/146	209/146		228/210	235/210	250/210	273/210	310/210	370/210	460/210	270/252	277/252	292/252	
mais de 180 até 200	186/166	195/166	212/166	238/166		256/236	265/236	282/236	308/236	351/236	421/236	526/236	304/284	313/284	330/284	
mais de 200 até 225	200/180	209/180	226/180	252/180	295/180	278/258	287/258	304/258	330/258	373/258	443/258	548/258	330/310	339/310	356/310	
mais de 225 até 250	216/196	225/196	242/196	268/196	311/196	304/284	313/284	330/284	356/284	399/284	469/284	574/284	360/340	369/340	386/340	

qualidade	t					u							v			
	5	6	7	8	9	5	6	7	8	9	10	11	5	6	7	8
mais de 250 até 280	241 / 218	250 / 218	270 / 218	299 / 218	348 / 218	338 / 315	347 / 315	367 / 315	396 / 315	445 / 315	525 / 315	635 / 315	408 / 385	417 / 385	437 / 385	
mais de 280 até 315	263 / 240	272 / 240	292 / 240	321 / 240	370 / 240	373 / 350	382 / 350	402 / 350	431 / 350	480 / 350	560 / 350	670 / 350	448 / 425	457 / 425	477 / 425	
mais de 315 até 355	293 / 268	304 / 268	325 / 268	357 / 268	408 / 268	415 / 390	426 / 390	447 / 390	479 / 390	530 / 390	620 / 390	750 / 390	500 / 475	511 / 475	532 / 475	
mais de 355 até 400	319 / 294	330 / 294	351 / 294	383 / 294	434 / 294	460 / 435	471 / 435	492 / 435	524 / 435	575 / 435	665 / 435	795 / 435	555 / 530	566 / 530	587 / 530	
mais de 400 até 450	357 / 330	370 / 330	393 / 330	427 / 330	485 / 330	517 / 490	530 / 490	553 / 490	587 / 490	645 / 490	740 / 490	890 / 490	622 / 595	635 / 595	658 / 595	
mais de 450 até 500	387 / 360	400 / 360	423 / 360	457 / 360	515 / 360	567 / 540	580 / 540	603 / 540	637 / 540	695 / 540	790 / 540	940 / 540	687 / 660	700 / 660	723 / 660	

Tabela A.4.2 (continuação): Campo de tolerâncias para eixos (dimensões em mm — valores da tabela em µm).

qualidade	x 5	x 6	x 7	x 8	x 9	x 10	x 11	6	7	z 6	z 7	z 8	z 9	z 10	z 11
mais de 1 até 3	24 / 20	26 / 20	30 / 20	34 / 20	45 / 20					32 / 26	36 / 26	40 / 26	51 / 26	66 / 26	
mais de 3 até 6	33 / 28	36 / 28	40 / 28	46 / 28	58 / 28					43 / 35	47 / 35	53 / 35	65 / 35	83 / 35	
mais de 6 até 10	40 / 34	43 / 34	49 / 34	56 / 34	70 / 34					51 / 42	57 / 42	64 / 42	78 / 42	100 / 42	
mais de 10 até 14	48 / 40	51 / 40	58 / 40	67 / 40	83 / 40					61 / 50	68 / 50	77 / 50	93 / 50	120 / 50	
mais de 14 até 18	53 / 45	56 / 45	63 / 45	72 / 45	88 / 45	115 / 45				71 / 60	75 / 60	87 / 60	103 / 60	130 / 60	
mais de 18 até 24	63 / 54	67 / 54	75 / 54	87 / 54	106 / 54	138 / 54		76 / 63	84 / 63	86 / 73	94 / 73	106 / 73	125 / 73	157 / 73	
mais de 24 até 30	73 / 64	77 / 64	85 / 64	97 / 64	116 / 64	148 / 64		88 / 75	96 / 75	101 / 88	109 / 88	121 / 88	140 / 88	172 / 88	218 / 88
mais de 30 até 40	91 / 80	96 / 80	105 / 80	119 / 80	142 / 80	180 / 80		110 / 94	119 / 94	128 / 112	137 / 112	151 / 112	174 / 112	212 / 112	272 / 112
mais de 40 até 50	108 / 97	113 / 97	122 / 97	136 / 97	159 / 97	197 / 97		130 / 114	139 / 114		161 / 136	175 / 136	198 / 136	236 / 136	296 / 136
mais de 50 até 65	135 / 122	141 / 122	152 / 122	168 / 122	196 / 122	242 / 122	312 / 122	163 / 144	174 / 144		202 / 172	218 / 172	246 / 172	292 / 172	362 / 172
mais de 65 até 80	159 / 146		176 / 146	192 / 146	220 / 146	266 / 146	336 / 146	193 / 174	204 / 174			256 / 210	284 / 210	330 / 210	400 / 210
mais de 80 até 100	193 / 178		213 / 178	232 / 178	265 / 178	318 / 178	398 / 178	236 / 214	249 / 214			312 / 258	345 / 258	398 / 258	478 / 258

Introdução à Engenharia de Fabricação Mecânica

qualidade	x 5	x 6	x 7	x 8	x 9	x 10	x 11	z 6	z 7	z 8	z 9	z 10	z 11
mais de 100 até 120	225 / 210		245 / 210	264 / 210	297 / 210	350 / 210	430 / 210	276 / 254	289 / 254	364 / 310	397 / 310	450 / 310	530 / 310
mais de 120 até 140	266 / 248		288 / 248	311 / 248	348 / 248	408 / 248	498 / 248	325 / 300	340 / 300	428 / 365	465 / 365	525 / 365	615 / 365
mais de 140 até 160	298 / 280		320 / 280	343 / 280	380 / 280	440 / 280	530 / 280	365 / 340	380 / 340	478 / 415	515 / 415	575 / 415	665 / 415
mais de 160 até 180	328 / 310			373 / 310	410 / 310	470 / 310	560 / 310	405 / 380	420 / 380		565 / 465	625 / 465	715 / 465
mais de 180 até 200	370 / 350			422 / 350	465 / 350	535 / 350	640 / 350	454 / 425	471 / 425		635 / 520	705 / 520	810 / 520
mais de 200 até 225	405 / 385			457 / 385	500 / 385	570 / 385	675 / 385	499 / 470	516 / 470		690 / 575	760 / 575	865 / 575
mais de 225 até 250	445 / 425			497 / 425	540 / 425	610 / 425	715 / 425	549 / 520	566 / 520			825 / 640	930 / 640
mais de 250 até 280	496 / 475			556 / 475	605 / 475	685 / 475	795 / 475	612 / 580	632 / 580			920 / 710	1.030 / 710
mais de 280 até 315	548 / 525			606 / 525	655 / 525	735 / 525	845 / 525	682 / 650	702 / 650			1.000 / 790	1.110 / 790
mais de 315 até 355	615 / 590			679 / 590	730 / 590	820 / 590	950 / 590	766 / 730	787 / 730			1.130 / 900	1.260 / 900
mais de 355 até 400	685 / 660				800 / 660	890 / 660	1.020 / 660	856 / 820	877 / 820			1.230 / 1.000	1.360 / 1.000
mais de 400 até 450	767 / 740				895 / 740	990 / 740	1.140 / 740	960 / 920	983 / 920			1.350 / 1.100	1.500 / 1.100
mais de 450 até 500	847 / 820				975 / 820	1070 / 820	1.220 / 820	1.040 / 1.000	1.063 / 1.000			1.500 / 1.250	1.650 / 1.250

Tabela A.4.2 (continuação): Campo de tolerâncias para eixos (dimensões em mm — valores da tabela em µm).

qualidade	za						zb					zc				
	6	7	8	9	10	11	7	8	9	10	11	7	8	9	10	11
mais de 1 até 3	38	42					50	54	65			70	74	85	100	120
	32	32					40	40	40			60	60	60	60	60
mais de 3 até 6	50	54					62	68	80			92	98	110	128	155
	42	42					50	50	50			80	80	80	80	80
mais de 6 até 10	61	67	74				82	89	103	125	157	112	119	133	155	187
	52	52	52				67	67	67	67	67	97	97	97	97	97
mais de 10 até 14	75	82	91				108	117	133	160	200		157	173	200	240
	64	64	64				90	90	90	90	90		130	130	130	130
mais de 14 até 18	89	95	104				126	135	151	178	218		177	193	220	260
	77	77	77				108	108	108	108	108		150	150	150	150
mais de 18 até 24		119	131	150			157	169	188	220	266		221	240	272	318
		98	98	98			136	136	136	136	136		188	188	188	188
mais de 24 até 30		139	151	170				193	212	244	290		251	270	302	348
		118	118	118				160	160	160	160		218	218	218	218
mais de 30 até 40		173	187	210				239	262	300	360			336	374	434
		148	148	148				200	200	200	200			274	274	274
mais de 40 até 50			219	242	280			281	304	342	402			387	425	485
			180	180	180			242	242	242	242			325	325	325
mais de 50 até 65			272	300	346			346	374	420	490			479	525	595
			226	226	226			300	300	300	300			405	405	405
mais de 65 até 80			320	348	394				434	480	550			600	670	
			274	274	274				360	360	360			480	480	
mais de 80 até 100			389	422	475				532	585	665			725	805	
			335	335	335				445	445	445			585	585	

qualidade	za						zb						zc					
	6	7	8	9	10	11	6	7	8	9	10	11	6	7	8	9	10	11
mais de 100 até 120				487 / 400	540 / 400	620 / 400					665 / 525	745 / 525					830 / 690	910 / 690
mais de 120 até 140				570 / 470	630 / 470	720 / 470					780 / 620	870 / 620					960 / 800	1.050 / 800
mais de 140 até 160				635 / 535	695 / 535	785 / 535					860 / 700	950 / 700						1.150 / 900
mais de 160 até 180					760 / 600	850 / 600					940 / 780	1.030 / 780						1.250 / 1.000
mais de 180 até 200					855 / 670	960 / 670					1.065 / 880	1.170 / 880						1.440 / 1.150
mais de 200 até 225					925 / 740	1.030 / 740						1.250 / 960						1.540 / 1.250
mais de 225 até 250					1.005 / 820	1.110 / 820						1.340 / 1.050						1.640 / 1.350
mais de 250 até 280					1.130 / 920	1.240 / 920						1.520 / 1.200						1.870 / 1.550
mais de 280 até 315					1.210 / 1.000	1.320 / 1.000						1.620 / 1.300						2.020 / 1.700
mais de 315 até 355					1.380 / 1.150	1.510 / 1.150						1.860 / 1.500						2.260 / 1.900
mais de 355 até 400						1.660 / 1.300						2.010 / 1.650						2.460 / 2.100
mais de 400 até 450						1.850 / 1.450						2.250 / 1.850						2.800 / 2.400
mais de 450 até 500						2.000 / 1.600						2.500 / 2.100						3.000 / 2.600

Tabela A.4.3: Ajustes equivalentes.

Ajustes com folga	Ajustes incertos	Ajustes com interferência
H7/a9 = A9/h7	H6/j5 = J6/h5	H5/n4 = N5/h4
H11/a1 = A11/h11	H7/j6 = J7/h6	H6/n5 = N6/K5
	H8/j7 = J8/h7	
H7/b8 = B8/h7	H5/k4 = K5/h4	H5/p4 = P5/h4
H7/b9 = B9/h7	H6/k5 = K6/h5	H6/p5 = P6/h5
H11/b11 = B11/h11	H7/k6 = K7/h6	H7/p6 = P7/h6
	H8/k7 = K8/h7	
H7/c8 = C8/h7	H5/m4 = M5/h4	H5/r4 = R5/h4
H7/c9 = C9/h7	H6/m5 = M6/h5	H6/r5 = R6/h5
H11/c11 = C11/h11	H7/m6 = M7/h6	H7/r6 = R7/h6
	H8/m7 = M8/h7	H8/r7 = R8/h7
H6/d6 = D6/h6	H7/n6 = N7/h6	H5/s4 = S5/h4
H6/d7 = D7/h6	H8/n7 = N8/h7	H6/s5 = S6/h5
H7/d8 = D8/h7		H7/s6 = S7/h6
H7/d9 = D9/h7		H8/s7 = S7/h8
H8/d10 = D10/h8		
H11/d11 = D11/h11		
H5/e5 = E5/h5	H8/p7 = P8/h7	H6/t5 = T6/h5
H6/e6 = E6/h6		H7/t6 = T7/h6
H6/e7 = E7/h6		H8/t7 = T7/h8
H7/e8 = E8/h7		
H8/e9 = E9/h8		
H10/e9 = E10/h9		
H5/f4 = F5/h4		H6/u5 = U6/h5
H5/f5 = F5/h5		H7/u6 = U7/h6
H6/f6 = F6/h6		H8/u7 = U7/h8
H7/f7 = F7/h7		
H8/f8 = F8/h8		
H8/f9 = F9/h8		

Ajustes com folga	Ajustes incertos	Ajustes com interferência
H5/g4 = G5/h4 H6/g5 = G6/h5 H7/g6 = G7/h6 H8/g7 = G7/h8		H6/v5 = V6/h5 H7/v6 = V7/h6 H8/v7 = V7/h8
H5/h4 = H5/h4 H6/h5 = H6/h5 H7/h6 = H7/h6 H8/h7 = H8/h7 H8/h8 = H8/h8 H11/h11 = H11/h11		H6/x5 = X6/h5 H7/x6 = X7/h6 H8/x7 = X7/h8
		H7/y6 = Y7/h6 H8/y7 = Y7/h8
		H7/z6 = Z7/h6 H8/z7 = Z8/h7
		H7/za6 = ZA7/h6 H8/za7 = ZA8/h7
		H8/zb7 = ZB8/h7 H8/zb8 = ZB8/h8 H9/zb8 = ZB9/h8
		H8/zc7 = ZC8/h7 H8/zc8 = ZC8/h8 H9/zc8 = ZC9/h8

Tabela A.4.4:   Tolerâncias para eixos acoplados a um rolamento.

Diâmetro nominal do eixo		Tolerância do furo do rolamento		Tolerância do diâmetro do eixo												
		A		f6		g6		g5		h11		h8		h7	
acima de	até inclusive	sup.	inf.	sup.	inf.	sup.	inf.	sup.	inf.	sup.	inf.	sup.	inf.	sup.	inf.
mm		µm		µm											
3	6	0	−8	−10	−18	−4	−12	−4	−9	0	−48	0	−18	0	−12
6	10	0	−8	−13	−22	−5	−14	−5	−11	0	−58	0	−22	0	−15
10	18	0	−8	−16	−27	−6	−17	−6	−14	0	−70	0	−27	0	−18
18	30	0	−10	−20	−33	−7	−20	−7	−16	0	−84	0	−33	0	−21
30	50	0	−12	−25	−41	−9	−25	−9	−20	0	−100	0	−39	0	−25
50	80	0	−15	−30	−49	−10	−29	−10	−23	0	−120	0	−46	0	−30
80	120	0	−20	−36	−58	−12	−34	−12	−27	0	−140	0	−54	0	−35
120	180	0	−25	−43	−68	−14	−39	−14	−32	0	−160	0	−63	0	−40
180	250	0	−30	−50	−79	−15	−44	−15	−35	0	−185	0	−72	0	−46
250	315	0	−35	−56	−88	−17	−49	−17	−40	0	−210	0	−81	0	−52
315	400	0	−40	−62	−98	−18	−54	−18	−43	0	−230	0	−89	0	−57
400	500	0	−45	−68	−108	−20	−60	−20	−47	0	−250	0	−97	0	−63

Introdução à Engenharia de Fabricação Mecânica

Diâmetro nominal do eixo		Tolerância do furo do rolamento		Tolerância do diâmetro do eixo											
		A		h6		h5		j5		j6		js6		k5	
acima de	até inclusive	sup.	inf.	sup.	inf.	sup.	inf.	sup.	inf.	sup.	inf.	sup.	inf.	sup.	inf.
mm		µm						µm							
3	6	0	−8	0	−8	0	−5	+3	−2	+6	−2	+4	−4	+6	+1
6	10	0	−8	0	−9	0	−6	+4	−2	+7	−2	+4,5	−4,5	+7	+1
10	18	0	−8	0	−11	0	−8	+5	−3	+8	−3	+5,5	−5,5	+9	+1
18	30	0	−10	0	−13	0	−9	+5	−4	+9	−4	+6,5	−6,5	+11	+2
30	50	0	−12	0	−16	0	−11	+6	−5	+11	−5	+8	−8	+13	+2
50	80	0	−15	0	−19	0	−13	+6	−7	+12	−7	+9,5	−9,5	+15	+2
80	120	0	−20	0	−22	0	−15	+6	−9	+13	−9	+11	−11	+18	+3
120	180	0	−25	0	−25	0	−18	+7	−11	+14	−11	+12,5	−12,5	+21	+3
180	250	0	−30	0	−29	0	−20	+7	−13	+16	−13	+14,5	−14,5	+24	+4
250	315	0	−35	0	−32	0	−23	+7	−16	+16	−16	+16	−16	+27	+4
315	400	0	−40	0	−36	0	−25	+7	−18	+18	−18	18	−18	+29	+4
400	500	0	−45	0	−40	0	−27	+7	−20	+20	−20	+20	−20	+32	+5

Anexos

Diâmetro nominal do eixo		Tolerância do furo do rolamento		Tolerância do diâmetro do eixo									
		A		k6		m5		m6		n6		p6	
acima de	até inclusive	sup.	inf.	sup.	inf.	sup.	inf.	sup.	inf.	sup.	inf.	sup.	inf.
mm	mm	µm		µm		µm		µm		µm		µm	
3	6	0	−8	−	−	−	−	−	−	−	−	−	−
6	10	0	−8	−	−	−	−	−	−	−	−	−	−
10	18	0	−8	+12	+1	+15	+7	+18	+7	+23	+12	+29	+18
18	30	0	−10	+15	+2	+17	+8	+21	+8	+28	+15	+35	+22
30	50	0	−12	+18	+2	+20	+9	+25	+9	+33	+17	+42	+26
50	80	0	−15	+21	+2	+24	+11	+30	+11	+39	+20	+51	+32
80	120	0	−20	+25	+3	+28	+13	+35	+13	+45	+23	+59	+37
120	180	0	−25	+28	+3	+33	+15	+40	+15	+52	+27	+68	+43
180	250	0	−30	+33	+4	+37	+17	+46	+17	+60	+31	+79	+50
250	315	0	−35	+36	+4	+43	+20	+52	+20	+66	+34	+88	+56
315	400	0	−40	+40	+4	+46	+21	+57	+21	+73	+37	+98	+62
400	500	0	−45	+45	+5	+50	+23	+63	+23	+80	+40	+108	+68

Tabela A.4.4 (continuação): Tolerâncias para eixos acoplados a um rolamento.

Diâmetro nominal do eixo		Tolerância do furo do rolamento		Tolerância do diâmetro do eixo			
		A		r6		r7	
acima de	até inclusive	sup.	inf.	sup.	inf.	sup.	inf.
mm		µm		µm			
120	140	0	−25	+88	+63	+103	+63
140	160	0	−25	+90	+65	+105	+65
160	180	0	−25	+93	+68	+108	+68
180	200	0	−30	+106	+77	+123	+77
200	225	0	−30	+109	+80	+126	+80
225	250	0	−30	+113	+84	+130	+84
250	280	0	−35	+126	+94	+146	+94
280	315	0	−35	+130	+98	+150	+98
315	355	0	−40	+144	+108	+165	+108
355	400	0	−40	+150	+114	+171	+114
400	450	0	−45	+166	+126	+189	+126
450	500	0	−45	+172	+132	+195	+132

Tabela A.4.5: Tolerâncias para caixas acopladas a um rolamento.

Diâmetro nominal do furo da caixa		Tolerância do diâmetro externo do rolamento		Tolerância do furo da caixa											
acima de	até inclusive	a		F8		F7		F6		G7		G6		H11	
		sup.	inf.	sup.	inf.	sup.	inf.	sup.	inf.	sup.	inf.	sup.	inf.	sup.	inf.
mm		µm		µm											
10	18	0	−8	+43	+16	+34	+16	+27	+16	+24	+6	+17	+6	+110	0
18	30	0	−9	+53	+20	+41	+20	+33	+20	+28	+7	+20	+7	+130	0
30	50	0	−11	+64	+25	+50	+25	+41	+25	+34	+9	+25	+9	+160	0
50	80	0	−13	+76	+30	+60	+30	+49	+30	+40	+10	+29	+10	+190	0
80	120	0	−15	+90	+36	+71	+36	+58	+36	+47	+12	+34	+12	+220	0
120	150	0	−18	+106	+43	+83	+43	+68	+43	+54	+14	+39	+14	+250	0
150	180	0	−25	+106	+43	+83	+43	+68	+43	+54	+14	+39	+14	+250	0
180	250	0	−30	+122	+50	+96	+50	+79	+50	+61	+15	+44	+15	+290	0
250	315	0	−35	+137	+56	+108	+56	+88	+56	+69	+17	+49	+17	+320	0
315	400	0	−40	+151	+62	+119	+62	+98	+62	+75	+18	+54	+18	+360	0
400	500	0	−45	+165	+68	+131	+68	+108	+68	+83	+20	+60	+20	+400	0
500	630	0	−50	+186	+76	+146	+76	+120	+76	+92	+22	+66	+22	+440	0

Diâmetro nominal do furo da caixa		Tolerância do diâmetro externo do rolamento		Tolerância do furo da caixa											
acima de	até inclusive	a		H10		H9		H8		H7		H6		J7	
		sup.	inf.	sup.	inf.	sup.	inf.	sup.	inf.	sup.	inf.	sup.	inf.	sup.	inf.
mm		µm		µm											
10	18	0	−8	+70	0	+43	0	+27	0	+18	0	+11	0	+10	−8
18	30	0	−9	+84	0	+52	0	+33	0	+21	0	+13	0	+12	−9
30	50	0	−11	+100	0	+62	0	+39	0	+25	0	+16	0	+14	−11
50	80	0	−13	+120	0	+74	0	+46	0	+30	0	+19	0	+18	−12
80	120	0	−15	+140	0	+87	0	+54	0	+35	0	+22	0	+22	−13
120	150	0	−18	+160	0	+100	0	+63	0	+40	0	+25	0	+26	−14
150	180	0	−25	+160	0	+100	0	+63	0	+40	0	+25	0	+26	−14
180	250	0	−30	+185	0	+115	0	+72	0	+46	0	+29	0	+30	−16
250	315	0	−35	+210	0	+130	0	+81	0	+52	0	+32	0	+36	−16
315	400	0	−40	+230	0	+140	0	+89	0	+57	0	+36	0	+39	−18
400	500	0	−45	+250	0	+155	0	+97	0	+63	0	+40	0	+43	−20
500	630	0	−50	+280	0	+175	0	+110	0	+70	0	+44	0	−	−

Diâmetro nominal do furo da caixa		Tolerância do diâmetro externo do rolamento		Tolerância do furo da caixa												
acima de	até inclusive	a		JS7		J6		JS6		K6		K7		M6			
		sup.	inf.	sup.	inf.	sup.	inf.	sup.	inf.	sup.	inf.	sup.	inf.	sup.	inf.
mm		µm						µm							
10	18	0	−8	+9	−9	+6	−5	+5,5	−5,5	+2	−9	+6	−12	−4	−15
18	30	0	−9	+10,5	−10,5	+8	−5	+6,5	−6,5	+2	−11	+6	−15	−4	−17
30	50	0	−11	+12,5	−12,5	+10	−6	+8	−8	+3	−13	+7	−18	−4	−20
50	80	0	−13	+15	−15	+13	−6	+9,5	−9,5	+4	−15	+9	−21	−5	−24
80	120	0	−15	+17,5	−17,5	+16	−6	+11	−11	+4	−18	+10	−25	−6	−28
120	150	0	−18	+20	−20	+18	−7	+12,5	−12,5	+4	−21	+12	−28	−8	−33
150	180	0	−25	+20	−20	+18	−7	+12,5	−12,5	+4	−21	+12	−28	−8	−33
180	250	0	−30	+23	−23	+22	−7	+14,5	−14,5	+5	−24	+13	−33	−8	−37
250	315	0	−35	+26	−26	+25	−7	+16	−16	+5	−27	+16	−36	−9	−41
315	400	0	−40	+28,5	−28,5	+29	−7	+18	−18	+7	−29	+17	−40	−10	−46
400	500	0	−45	+31,5	−31,5	+33	−7	+20	−20	+8	−32	+18	−45	−10	−50
500	630	0	−50	+35	−35	−	−	+22	−22	0	−44	0	−70	−26	−70

Tabela A.4.5 (continuação): Tolerâncias para caixas acopladas a um rolamento.

Diâmetro nominal do furo da caixa		Tolerância do diâmetro externo do rolamento		Tolerância do furo da caixa											
		a		M7		N6		N7		P7		R6		R7	
acima de	até inclusive	sup.	inf.	sup.	inf.	sup.	inf.	sup.	inf.	sup.	inf.	sup.	inf.	sup.	inf.
mm		μm		μm											
10	18	0	−8	0	−18	−9	−20	−5	−23	−11	−29	−20	−31	−16	−34
18	30	0	−9	0	−21	−11	−24	−7	−28	−14	−35	−24	−37	−20	−41
30	50	0	−11	0	−25	−12	−28	−8	−33	−17	−42	−29	−45	−25	−50
50	80	0	−13	0	−30	−14	−33	−9	−39	−21	−51	−35	−54	−30	−60
80	120	0	−15	0	−30	−14	−33	−9	−39	−21	−51	—	—	−32	−62
120	150	0	−18	0	−35	−16	−38	−10	−45	−24	−59	—	—	—	—
150	180	0	−25	0	−40	−20	−45	−12	−52	−28	−68	—	—	—	—
180	250	0	−30	0	−40	−20	−45	−12	−52	−28	−68	—	—	—	—
250	315	0	−35	0	−46	−22	−51	−14	−60	−33	−79	—	—	—	—
315	400	0	−40	0	−52	−25	−57	−14	−66	−36	−88	—	—	—	—
400	500	0	−45	0	−57	−26	−62	−16	−73	−41	−98	—	—	—	—
500	630	0	−50	0	−63	−27	−67	−17	−80	−45	−108	—	—	—	—

Tabela A.5.1: Calibradores para dimensões internas – valores em µm.

>	≤	Símbolos	Qualidade de trabalho										
			6	7	8	9	10	11	12	13	14	15	16
(mm)													
1	3	t	6	10	14	25	40	60	100	140	250	400	600
		H/2	0,6	1	1	1	1	2	2	5	5	5	5
		y	1	1,5	3	0	0	0	0	0	0	0	0
		z	1	1,5	2	5	5	10	10	20	20	40	40
3	6	t	8	12	18	30	48	75	120	180	300	480	750
		H/2	0,75	1,25	1,25	1,25	1,25	2,5	2,5	6	6	6	6
		y	1	1,5	3	0	0	0	0	0	0	0	0
		z	1,5	2	3	6	6	12	12	24	24	48	48
6	10	t	9	15	22	36	58	90	150	220	360	580	900
		H/2	0,75	1,25	1,25	1,25	1,25	3	3	7,5	7,5	7,5	7,5
		y	1	1,5	3	0	0	0	0	0	0	0	0
		z	1,5	2	3	7	7	14	14	28	28	56	56
10	18	t	11	18	27	43	70	110	180	270	430	700	1.100
		H/2	1	1,5	1,5	1,5	1,5	4	4	9	9	9	9
		y	1,5	2	4	0	0	0	0	0	0	0	0
		z	2	2,5	4	8	8	16	16	32	32	64	64
18	30	t	13	21	33	52	84	130	210	330	520	840	1.300
		H/2	1,25	2	2	2	2	4,5	4,5	10,5	10,5	10,5	10,5
		y	1,5	3	4	0	0	0	0	0	0	0	0
		z	2	3	4	9	9	19	19	36	36	72	72
30	50	t	16	25	39	62	100	160	250	390	620	1.000	1600
		H/2	1,25	2	2	2	2	5,5	5,5	12,5	12,5	12,5	12,5
		y	2	3	5	0	0	0	0	0	0	0	0
		z	2,5	3,5	6	11	11	22	22	42	42	80	80

Tabela A.5.1 (continuação): Calibradores para dimensões internas – valores em μm.

>	≤	Símbolos	Qualidade de trabalho										
			6	7	8	9	10	11	12	13	14	15	16
(mm)													
50	80	t	19	30	46	74	120	190	300	460	740	1.200	1.900
		H/2	1,5	2,5	2,5	2,5	2,5	6,5	6,5	15	15	15	15
		y	2	3	5	0	0	0	0	0	0	0	0
		z	2,5	4	7	13	13	25	25	48	48	90	90
80	120	t	22	35	54	87	140	220	350	540	870	1.400	2.200
		H/2	2	3	3	3	3	7,5	7,5	17,5	17,5	17,5	17,5
		y	3	4	6	0	0	0	0	0	0	0	0
		z	3	5	8	15	15	28	28	54	54	100	100
120	180	t	25	40	63	100	160	250	400	630	1000	1600	2.500
		H/2	2,5	4	4	4	4	9	9	20	20	20	20
		y	3	4	6	0	0	0	0	0	0	0	0
		z	4	6	9	18	18	32	32	60	60	110	110
180	250	t	29	46	72	115	185	290	460	720	1150	1.850	2.900
		H/2	3,5	5	5	5	10	10	10	23	23	23	23
		y	4	6	7	0	0	0	0	0	0	0	0
		z	5	7	12	21	24	40	45	80	100	170	210
		a	2	3	4	4	7	10	15	25	45	70	110
250	315	t	32	52	81	130	210	320	520	810	1300	2.100	3.200
		H/2	4	6	6	6	6	11,5	11,5	26	26	26	26
		y	5	7	9	0	0	0	0	0	0	0	0
		z	6	8	14	24	27	45	50	90	110	190	240
		a	3	4	6	6	9	15	20	35	55	90	140

>	≤	Símbolos	Qualidade de trabalho										
			6	7	8	9	10	11	12	13	14	15	16
(mm)													
315	400	t	36	57	89	140	230	360	570	890	1.400	2.300	3.600
		H/2	4,5	6,5	6,5	6,5	6,5	12,5	12,5	28,5	28,5	28,5	28,5
		y	6	8	9	0	0	0	0	0	0	0	0
		z	7	10	16	28	32	50	65	100	125	210	280
		a	4	6	7	7	11	15	30	45	70	110	180
400	500	t	40	63	97	155	250	400	630	970	1.550	2.500	4.000
		H/2	5	7,5	7,5	7,5	7,5	13,5	13,5	31,5	31,5	31,5	31,5
		y	7	9	11	0	0	0	0	0	0	0	0
		z	8	11	18	32	37	55	70	110	145	240	320
		a	5	7	9	9	14	20	35	55	90	140	220

Tabela A.5.2: Calibradores para dimensões externas – valores em μm.

>	≤	Símbolos	6	7	8	9	10	11	12	13	14	15	16
							Qualidade de trabalho						
(mm)													
1	3	t	6	10	14	25	40	60	100	140	250	400	600
		$H_1/2$	1	1	1,5	1,5	1,5	2	2	5	5	5	5
		Y_1	1,5	1,5	3	0	0	0	0	0	0	0	0
		z_1	1,5	1,5	2	5	5	10	10	20	20	40	40
3	6	t	8	12	18	30	48	75	120	180	300	480	750
		$H_1/2$	1,25	1,25	2	2	2	2,5	2,5	6	6	6	6
		Y_1	1,5	1,5	3	0	0	0	0	0	0	0	0
		z_1	2	2	3	6	6	12	12	24	24	48	48
6	10	t	9	15	22	36	58	90	150	220	360	580	900
		$H_1/2$	1,25	1,25	2	2	2	3	3	7,5	7,5	7,5	7,5
		Y_1	1,5	1,5	3	0	0	0	0	0	0	0	0
		z_1	2	2	3	7	7	14	14	28	28	56	56
10	18	t	11	18	27	43	70	110	180	270	430	700	1.100
		$H_1/2$	1,5	1,5	2,5	2,5	2,5	4	4	9	9	9	9
		Y_1	2	2	4	0	0	0	0	0	0	0	0
		z_1	2,5	2,5	4	8	8	16	16	32	32	64	64
18	30	t	13	21	33	52	84	130	210	330	520	840	1.300
		$H_1/2$	2	2	3	3	3	4,5	4,5	10,5	10,5	10,5	10,5
		Y_1	3	3	4	0	0	0	0	0	0	0	0
		z_1	3	3	5	9	9	19	19	36	36	72	72
30	50	t	16	25	39	62	100	160	250	390	620	1.000	1.600
		$H_1/2$	2	2	3,5	3,5	3,5	5,5	5,5	12,5	12,5	12,5	12,5
		Y_1	3	3	5	0	0	0	0	0	0	0	0
		z_1	3,5	3,5	6	11	11	22	22	42	42	80	80

Tabela A.5.2 (continuação): Calibradores para dimensões externas em μm.

>	≤	Símbolos	Qualidade de trabalho										
			6	7	8	9	10	11	12	13	14	15	16
(mm)													
50	80	t	19	30	46	74	120	190	300	460	740	1.200	1.900
		$H_1/2$	2,5	2,5	4	4	4	6,5	6,5	15	15	15	15
		Y_1	3	3	5	0	0	0	0	0	0	0	0
		z_1	4	4	7	13	13	25	25	48	48	90	90
80	120	t	22	35	54	87	140	220	350	540	870	1.400	2.200
		$H_1/2$	3	3	5	5	5	7,5	7,5	17,5	17,5	17,5	17,5
		Y_1	4	4	6	0	0	0	0	0	0	0	0
		z_1	5	5	8	15	15	28	28	54	54	100	100
120	180	t	25	40	63	100	160	250	400	630	1.000	1.600	2.500
		$H_1/2$	4	4	6	6	6	9	9	20	20	20	20
		Y_1	4	4	6	0	0	0	0	0	0	0	0
		z_1	6	6	9	18	18	32	32	60	60	110	110
180	250	t	29	46	72	115	185	290	460	720	1.150	1.850	2.900
		$H_1/2$	5	5	7	7	7	10	10	23	23	23	23
		Y_1	5	6	7	0	0	0	0	0	0	0	0
		z_1	7	7	12	21	24	40	45	80	100	170	210
		a_1	2	3	4	4	7	10	15	25	45	70	110
250	315	t	32	52	81	130	210	320	520	810	1.300	2.100	3.200
		$H_1/2$	6	6	8	8	8	11,5	11,5	26	26	26	26
		Y_1	6	7	9	0	0	0	0	0	0	0	0
		z_1	8	8	14	24	27	45	50	90	110	190	240
		a_1	3	4	6	6	9	15	20	35	55	90	140

>	≤	Símbolos	Qualidade de trabalho										
(mm)			6	7	8	9	10	11	12	13	14	15	16
315	400	t	36	57	89	140	230	360	570	890	1.400	2.300	3.600
		$H_1/2$	6,5	6,5	9	9	9	12,5	12,5	28,5	28,5	28,5	28,5
		Y_1	6	8	9	0	0	0	0	0	0	0	0
		z_1	10	10	16	28	32	50	65	100	125	210	280
		a_1	4	6	7	7	11	15	30	45	70	110	180
400	500	t	40	63	97	155	250	400	630	970	1.550	2.500	4.000
		$H_1/2$	7,5	7,5	10	10	10	13,5	13,5	31,5	31,5	31,5	31,5
		Y_1	7	9	11	0	0	0	0	0	0	0	0
		z_1	11	11	18	32	37	55	70	110	145	240	320
		a_1	5	7	9	9	14	20	35	55	90	140	220

Tabela A.8.1: Valores típicos de rugosidade em μm.

Dimensão Nominal		Qualidade de Trabalho															
(mm)		4		5		6		7		8		9		10		11	
>	≤	Ra	Rz	Ra	Rz	Ra	Rz	Ra	Rz	Ra	Rz	Ra	Rz	Ra	Rz	Ra	Rz
3	6	0,1	0,8	0,2	1,6	0,2	1,6	0,4 (0,8)	3,2	0,8 (1,6)	6,3	0,8 (1,6)	6,3	3,2	12,5	6,3	25
6	10	0,1	0,8	0,2	1,6	0,4	3,2	0,4 (0,8)	3,2	0,8 (1,6)	6,3	1,6 (3,2)	12,5	3,2	12,5	6,3	25
10	18	0,2	1,6	0,2	1,6	0,4	3,2	0,8 (1,6)	6,3	0,8 (1,6)	6,3	1,6 (3,2)	12,5	6,3	25	6,3	25
18	30	0,2	1,6	0,4	3,2	0,4	3,2	0,8 (1,6)	6,3	0,8 (1,6)	6,3	1,6 (3,2)	12,5	6,3	25	6,3	25
30	50	0,2	1,6	0,4	3,2	0,4	3,2	0,8 (1,6)	6,3	1,6 (3,2)	12,5	1,6 (3,2)	12,5	6,3	25	12,5	50
50	80	0,2	1,6	0,4	3,2	0,8	6,3	0,8 (1,6)	6,3	1,6 (3,2)	12,5	3,2 (6,3)	25	6,3	25	12,5	50
80	120	0,4	3,2	0,4	3,2	0,8	6,3	1,6 (3,2)	12,5	1,6 (3,2)	12,5	3,2 (6,3)	25	12,5	50	12,5	50
120	180	0,4	3,2	0,8	6,3	0,8	6,3	1,6 (3,2)	12,5	1,6 (3,2)	12,5	3,2 (6,3)	25	12,5	50	12,5	50

Dimensão Nominal (mm)		Qualidade de Trabalho															
		4		5		6		7		8		9		10		11	
>	≤	Ra	Rz	Ra	Rz	Ra	Rz	Ra	Rz	Ra	Rz	Ra	Rz	Ra	Rz	Ra	Rz
180	315	0,4	3,2	0,8	6,3	0,8	6,3	1,6 (3,2)	12,5	3,2 (6,3)	25	3,2 (6,3)	25	12,5	50	25	100
315	500	0,8	6,3	0,8	6,3	1,6	12,5	1,6 (3,2)	12,5	3,2 (6,3)	25	6,3 (12,5)	50	12,5	50	25	100

Retificação, Lapidação, Polimento e processos similares. (IT 4, 5, 6)

Valores de Ra entre ( ) para processos de fabricação com arestas de corte com geometrias definidas. (IT 7, 8, 9)

Torneamento, Fresamento, Furação e processos similares. (IT 10, 11)

REFERÊNCIAS

Normas:

ABNT – Associação Brasileira de Normas Técnicas: *NBR 6158* – Sistema de Tolerâncias e Ajustes, Rio de Janeiro, ABNT, 1995, 79 p.

ABNT – Associação Brasileira de Normas Técnicas: *NBR 6409* – Tolerâncias geométricas – tolerâncias de forma, orientação, posição e batimento – Generalidades, símbolos, definições e indicações em desenho, Rio de Janeiro, ABNT, 1997, 19 p.

ABNT – Associação Brasileira de Normas Técnicas: *NBR 6406* – Calibradores – Características construtivas, tolerâncias, Rio de Janeiro, ABNT, 1980, 10 p.

ABNT – Associação Brasileira de Normas Técnicas: *NBR 14646* – Tolerâncias geométricas – Requisitos de máximo e requisitos de mínimo material, Rio de Janeiro, ABNT, 2001, 24 p.

ABNT – Associação Brasileira de Normas Técnicas: *NBR ISO 4287* – Especificações geométricas de produto (GPS) – Rugosidade: Método do Perfil – Termos, definições e parâmetros de rugosidade, Rio de Janeiro, ABNT, 2002, 18 p.

ABNT – Associação Brasileira de Normas Técnicas: *NBR ISO 2768-2* – Tolerâncias geométricas para elementos sem indicação de tolerância individual, Rio de Janeiro, ABNT, 2001, 9 p.

ABNT – Associação Brasileira de Normas Técnicas: *NBR 8404* – Indicação do estado de superfície em desenhos técnicos – Procedimento, Rio de Janeiro, ABNT, 1984, 10 p.

DIN – Deutsches Institut nür Normung: *DIN EN ISSO 1302* – Geometrische Produktspezifikation (GPS) – Angabe der Oberflächenbeschaffenheit in der technischen Produktdokumentation, Berlin, 2002, 47 p.

Literaturas:

ALBERTAZZI G. Jr., A.; SOUZA, A.R. *Fundamentos da Metrologia*. Barueri: Editora Manole, 2008, 407 p.

KRULIKAWSKI, A. *Fundamentals of Geometric Dimensioning and Tolerancing*, 2a edição. Nova Yorque, Delma Cengage Learning, 2007, 391 p.

SIQUEIRA, L. G. P. *Controle Estatístico do Processo*. São Paulo: Editora Pioneira, 1997, 129 páginas.

TRUMPOLD, H., BECK CH. e RICHTER, G. *Toleranzsysteme und Toleranzdesign* – Qualität im Austauschbau. München: Editora Hanser Verlag, 1997, 508 p.

GRÁFICA PAYM
Tel. [11] 4392-3344
paym@graficapaym.com.br